鳴く虫の捕り方・飼い方

後藤 啓［著］

キンヒバリ

リッリッリッリーというきれいな声で鳴く、体長6〜7ミリの小さな虫です。小川や沼、湿地などの草に生息しています。

築地書館

キリギリス

渋みのある声で鳴く、江戸時代の鳴く虫ブームの時の人気の虫の一つ。草原や市街地近くでも見られます。

カンタン（幼虫）

成虫はルルルルル……とよく通る美しい声で鳴き、気品のある姿と相まって鳴く虫の女王と呼ばれています。

ハヤシノウマオイ

スィーチョン、スィーチョンとリズミカルに繰り返して鳴きます。容姿はクツワムシと似ていますが、ずっと小型です。

キリギリスのメス

この本に出てくる鳴く虫たち

♂ オス
♀ メス
幼 幼虫

マツムシ → p.53

スズムシ → p.64

カンタン → p.72

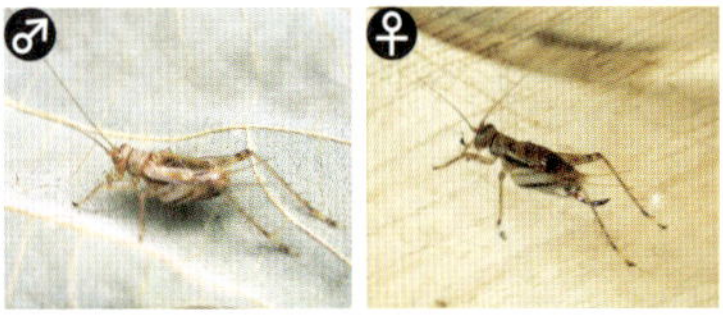

クサヒバリ → p.80

キンヒバリ → p.88

カヤヒバリ → p.94

ヤマトヒバリ → p.98

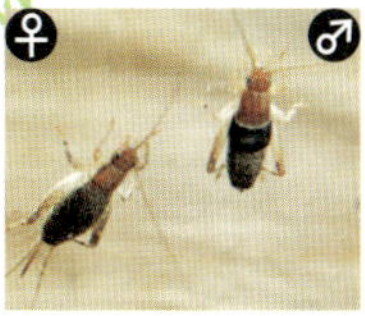
カネタタキ → p.102

クマスズムシ → p.106

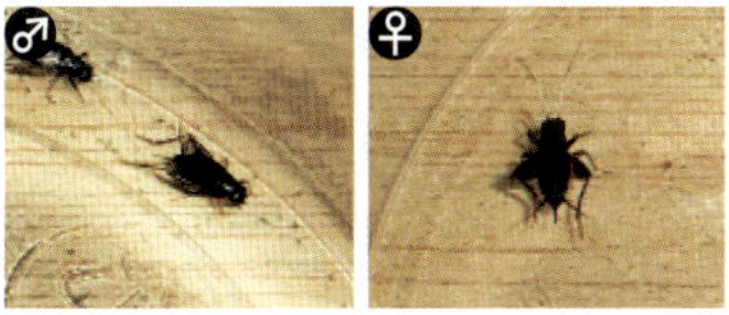
ヒゲシロスズ → p.111

クマコオロギ → p.114

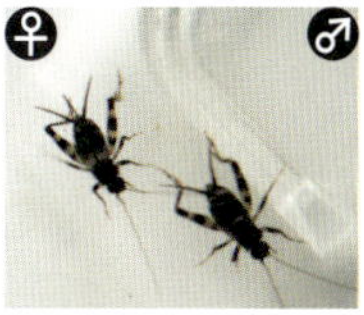
カワラスズ → p.117

アオマツムシ → p.125

エンマコオロギ → p.129

キリギリス → p.137

クツワムシ → p.149

ハヤシノウマオイ → p.161

ヤブキリ → p.168

カヤキリ → p.176

コロギス → p.179

鳴く虫たちの生息場所

この本によく出てくる、鳴く虫が暮らしている
おもな場所や餌になる植物です。

クズ

河川敷や池の土手などに自生しています。クズ原にはマツムシやカンタン、クツワムシなどがいます。葉は多くの鳴く虫の飼育環境を調えるのに有効で、クツワムシ、マツムシやカンタンなどの餌にもなります。

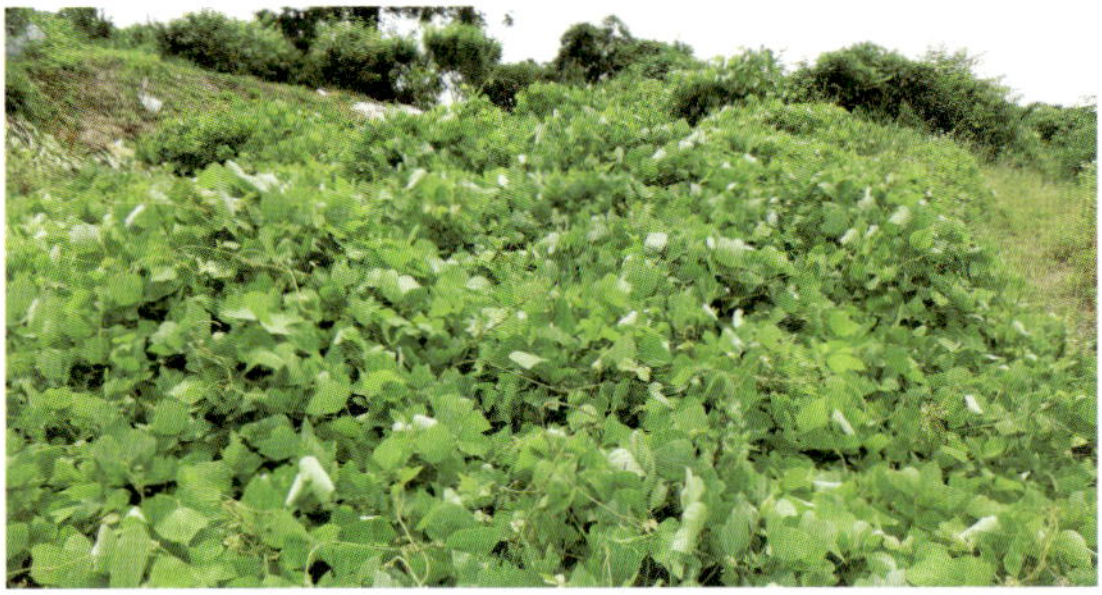

笹

笹原はマツムシやクマスズムシ（湿気のある笹藪）の棲《す》み家です。また、茎はマツムシの産卵床に使われます。

ツユクサ

マツムシ、クツワムシやヤマトヒバリなどのほか、鳴く虫の餌になります。

ヨモギ

カンタンがよくいます。カンタンの餌になり、茎は産卵床にもなります。

ススキ

ススキ原ではマツムシやカヤヒバリ、カヤキリが捕れます。根もと付近にいたり、葉の上で鳴いていたりさまざまです。生の葉、芽、穂はカヤキリの、枯れた葉は自然下でのマツムシの幼虫の餌に、茎はマツムシの産卵床になります。

林縁部（上）

林から草原へ移行する部分のことで、そのあたりの低木や草の茂みなどで、クサヒバリ（クズ原、笹原）、アオマツムシ（樹上）、クツワムシ、ハヤシノウマオイ、ヤブキリの幼虫などが捕れます。

疎林（左）

ぽつんぽつんとまばらに木が生えている林のことです。スズムシ、ヤブキリなどが捕れます。

月とカヤキリ

カヤキリ

ススキやアシなどの草原に棲んでいて、ジャーという大きな声で鳴きます。夜になるとススキなどの先《せん》端《たん》付近にいることがあります。

クツワムシ（メスの終齢幼虫）

枯れたクズの葉を食べています。オスの成虫は、ガチャガチャと大きな声で鳴き、立派な翅《はね》とがっちりした長い後ろ脚を持つ大型種です。

クマスズムシ（終齢《しゅうれい》幼虫）

少し光沢のある黒色で、腿節《たいせつ》の付近から先がオレンジ色、触角の中央部が白色です。成虫はシュキシュキシュキーンという独特な声で鳴きます。

はじめに

日本には南北に長い国土と四季と美しい自然があり、この大変恵まれた環境《かんきょう》から、日本全土にじつに数多くの昆虫《こんちゅう》が分布しています。直翅目《ちょくしもく》のコオロギの仲間や、キリギリスの仲間などの、鳴く虫も多くの種《しゅ》が生息しています。

私たち日本人は古来より鳴く虫の飼育を楽しんできました。特に江戸時代には大流行して、たくさんの虫売りが売り歩いていました。その後、時代とともに人々のライフスタイルが変化したり、次々と新たな娯楽《ごらく》が出現したりして、鳴く虫を愛《め》でる文化は衰退《すいたい》の一途《いっと》をたどり、今では一部の人の楽しみとなっています。

しかしながら、大変根強い愛好家が意外と多く、インターネットで情報がにぎわっているのは、その表れの一つと思われます。

また、マツムシ、スズムシ、カンタン、クサヒバリは、江戸時代からすでに人気が高かったようで、鳴く虫好きの好《この》みは今も昔もあまり変わっていないというのも、大変興味深い点です。

美しい声で健気《けなげ》に鳴く虫たち。季節を感じさせてくれたり、風情《ふぜい》を感じさせてくれたり、時には癒《い》やされたりと、魅力《みりょく》をあげれば枚挙《まいきょ》にいとまがありません。

そんな鳴く虫たちを飼うことができれば、どんなに楽しいことでしょうか。自宅の部屋で鳴かせることができれば、どんなに素晴らしいことでしょうか。

しかし、鳴く虫の多くは、草原や藪《やぶ》の草の葉の裏側など、人目につきにくいところに棲《す》んでいて、ふだんなかなか目にする機会がありません。ましてや鳴いている姿を見つけるのは至難《しなん》の業《わざ》です。近づいてもわりと平気で鳴き続けるクツワムシのような、例外的なものも何種類かはいますが、大半は「声はすれども姿は見えず」という感じです。

また、採集には比較的、根気が必要です。私は幼少のころからセミ、トンボ、バッタなどのほか、いろいろな昆虫を採集してきました。クワガタムシやカブトムシは今でもよく採集に行きます。そんな中で、この鳴く虫の採集が一番根気がいると感じています。でも、何もしりごみすることはありません。

本書は、鳴く虫の中でも特に人気のある二一種について、初心者の方でも採集し、飼育できるように、基本的な方法を紹介《しょうかい》しています。

鳴く虫の採集は、まずはよい採集場所（ポイント）探しから始まります。意外に思われるかもしれませんが、じつはこのポイント探しが鳴く虫の採集できわめて重要です。私も、新しいポイントを探している時に、鳴き声によって生息が確認できても、採集は困難と判断すれば、そこをあきらめてすぐに別の場所に移動します。そうです、鳴く虫は採集しやすい場所と、採集が難しい場所があるのです。この点を理解していれば、初心者の方でも、鳴く虫の採集をあきらめることはありません。

また、採集方法も大変重要であることは、言うまでもありません。それぞれの虫の生態や生息場所に適した採集方法があります。

さらに、採集していて、網《あみ》の中に鳴く虫が入ってからも注意が必要です。採集という一連の作業の中では、目的の虫が網に入った時、まさにその時、そこに集中力を全部もっていく、これが大変重要です。慣れていないと、とにかく網に入れようと、そこに集中します。そして、網に入ったら捕《と》れたと思って安心してしまうかもしれません。しかし、網の中に入ってからも、まだまだ採集は続いているのです。捕ったと思って油断していると、逃《に》げられることがあります。また、逃げられまいとあせってつぶしてしまうこともあります。やっとの思いで捕った貴重な鳴く虫が瀕死《ひんし》状態、ということもあり得るのです。ですから、採集方法をある程度理解してから行うのと、ただやみくもに行うのとでは、結果に大きな差が出ると思います。

また、鳴く虫は小さくて非常に敏捷《びんしょう》なので、最初はうまく採集できないかもしれませんが、失敗を重ね、経験を積み重ねることが大切です。それがまた楽しいのです。

鳴く虫を採集して、部屋中にその美しい声を響《ひび》かせて、飼育を楽しんでください。本書が少しでもそのお役に立てれば幸いです。

なお、発生時期や採集時期は、私の住んでいる大阪府を基準にしており、地域によって多少のちがいがあることをご承知おきください。

また、一般的には虫を一匹、二匹と数えますが、虫の愛好家の間では、一頭、二頭と数えることが多いので、本書ではそれにならい「頭」を使用しています。

目次

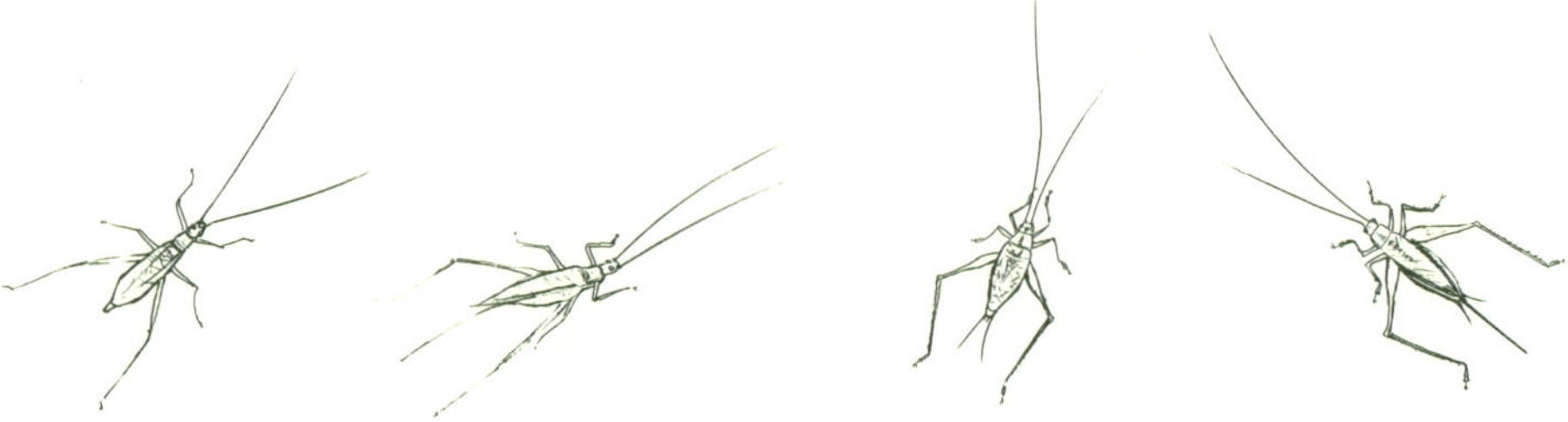

コオロギの仲間

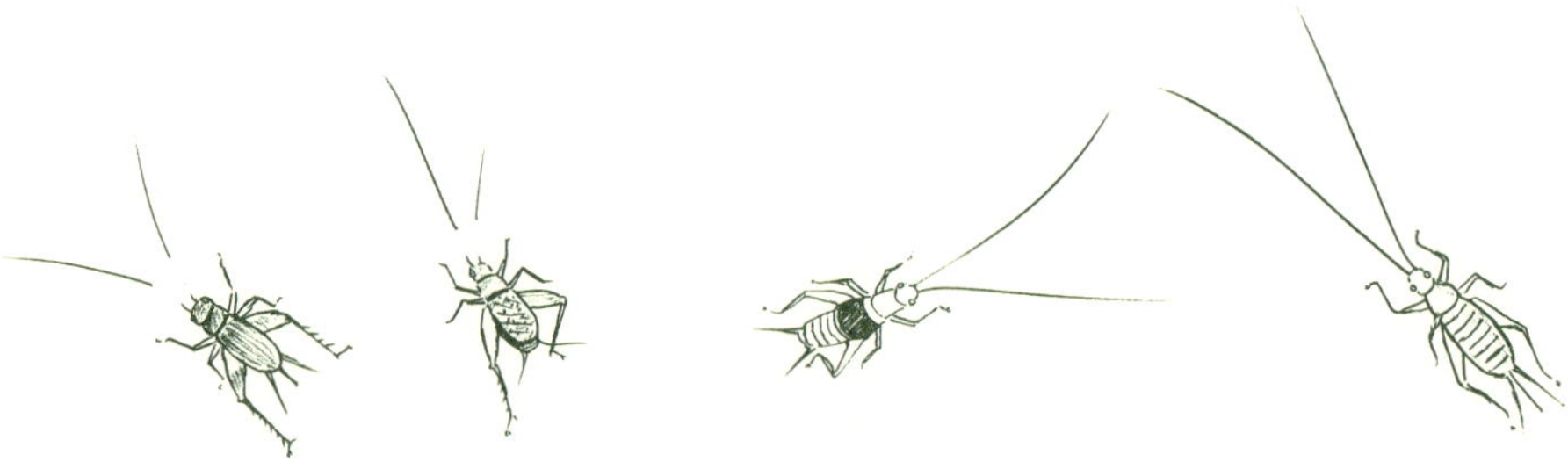

キリギリスの仲間

【コラム】

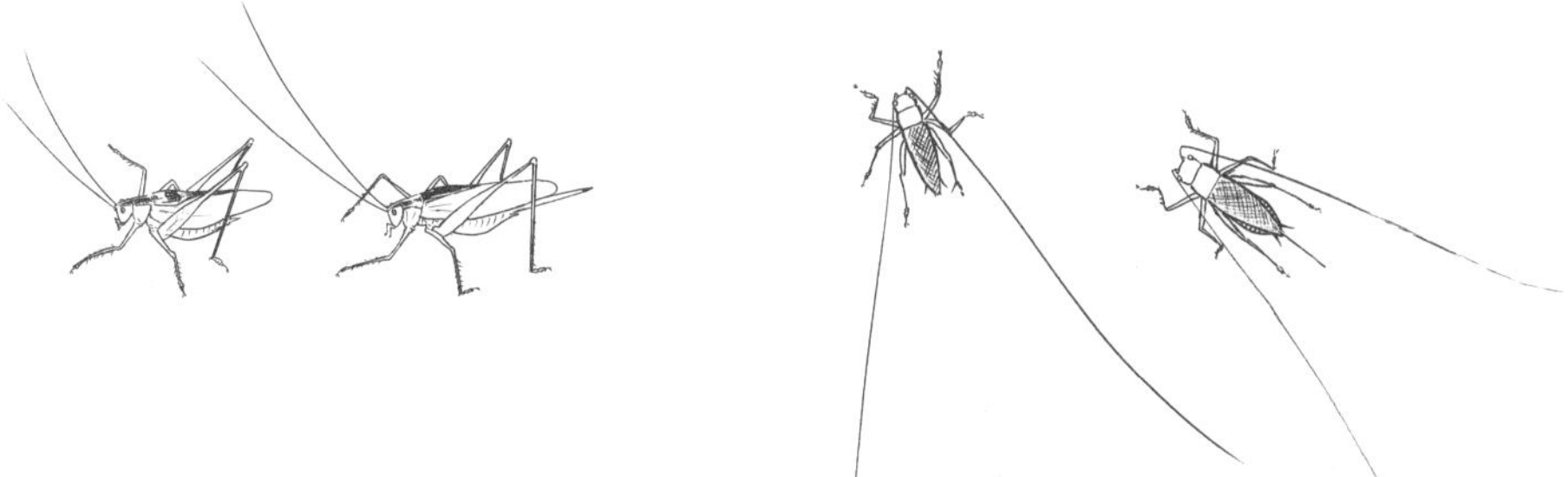

準備編

基本の採集方法

【ビーティング採集法】

たたき網《あみ》採集法とも言います。草や木の下で網などを受け構え、網の上部の草や木をたたいて採集する方法です。草木をたたいた振動で驚《おどろ》いた鳴く虫が、逃《に》げようとして下の網に入るという仕組みです。

オスが鳴いているところや、いそうなところにねらいをさだめて網を持っていき、その真上から下の網に鳴く虫を追いこんで入れるイメージでたたきます。最後に棒を網の上で止めるように、常に頭でイメージしながら行うのがコツです。慣れればコツがつかめると思います。そして、たくさん捕ろうとするあまり、力が入るのは無理もありませんが、あまり力まないことです。そんなに激しくたたかなくても、鳴く虫は採集できるはずです。

思わぬ虫が捕《と》れることもある

この方法は、たまに目的以外の種類も同時に捕れたりするくらい、効率的です。

例えば、クサヒバリを採集している時に草木をたたいていると、同時にカネタタキが網に入ることがあります。

一度、カネタタキの採集で低木をたたいていた際に、コロギスのオス一頭が網に入ったことがありました。コロギスはすぐに翅《はね》を立てて大きく開き、体をゆさぶり、激しく威嚇《いかく》してきましたが、カネタタキよりもコロギスの方が捕るのが難しいので、コロギスを真っ先に採集しました。その後、網に入っていたカネタタキも採集しました。

このように当初の目的とは別の思わぬ虫が網に入ることもあるので、ビーティングは面白い採集方法だと思いますし、特に樹上性の小型種の採集に最も効果的だと思います。

注意点が三点あります。一つ目はトゲのある植物に注意すること。二つ目は網までたたかないこと。そして、網と柄《え》の接合部分（金具）がしっかりとしたものを選ぶことです。

傘《かさ》は網の代わりになるか？

傘を開いてひっくり返して、これを草木の下に受け構えて代用することもできますが、この方法はあまりおすすめしません。その理由は、

ビーティング採集法

草木のトゲなどで傘が破けることがよくあるからです。傘が破けなかったらまったく問題はありません。

私も傘を使用したビーティングを何度も経験しましたが、傘が破けて困ったことが三回ほどあります。最初はたまたまだと思いましたが、よく見ると植物のトゲに引っかかって破れたことに気がつきました。草むらはトゲのある植物や、草刈《くさか》りやナタのような刃物で枝払いをしたあとなど、鋭利な部分が意外と多いものです。

何回も破れると不経済なのはもちろんのこと、傘が破れた時点で採集を中止せざるを得ない状況になってしまいます。家の近所で採集している場合はまだよいのですが、遠方まで採集に行っている時は、ホームセンターなどで代替品を探しまわるはめになり、もはや採集どころではなくなってしまいます。このような事態に陥らないためにも、ビーティングは網で行うことをおすすめします。

有刺《ゆうし》植物に注意する

ビーティングする時は、特に有刺（トゲのある）植物に注意が必要です。必ず軍手などの手袋をしてください。そして周囲にイバラなど、トゲのある植物がないかをよく確認してください。

もし、トゲのある植物があったら、それらに注意しながらたたきますが、まちがっても直接手でたたいてはいけません。いくら手袋をしていても、トゲで思わぬケガをしてしまうことがあります。必ず棒などでたたいてください。

網までたたかないこと

草木をたたく際は、網までたたかないようにします。網をたたいてしまうと網と柄の接合部分にダメージをあたえて、破損する場合があるからです。

たたく時に使う棒は大きすぎると機能性に欠け、万が一、手や網に当たると大変なので、不向きです。あまり大きすぎず、軽くてじょうぶな棒などがよいと思います。

私は、あらかじめ一〇〇円ショップで購入した布団たたきを用意しておいて、それでたたいていますが、自分でいろいろ工夫してみるとよいでしょう。

【ルッキング・カップ・ビーティング採集法】

鳴く虫が動くまで待ち、虫を見つけてからビーティングやカップで採集する方法です。ポイントでひたすらじっと待ち続け、虫を見つけてからピンポイントでその葉や枝をたたいて網に入れたり、カップではさむようにして採集します。相手の動きに合わせて行うので、少々根気が必要です。虫の数が少ない場所ではあまり効果を発揮しませんが、たくさん生息しているのが確認できたポイントでは、大変有効な採集方法です。クサヒバリの採集方法のところでくわしく紹介《しょうかい》します（⇩83ページ）。

【スウィーピング採集法】

すくい網採集法とも言います。

草むらや木の枝先などで網を左右にふり、採集する方法です。鳴く虫の採集に有効な方法です。

例えば、キンヒバリを採集する場合、まず最初にビーティングを行い、そのあとで最後の手段としてスウィーピングを行います。なぜこの順番かと言うと、種類別の採集方法のところで個々にくわしく述べますが、最初に採集効率のよいビーティングを行い、その後、スウィーピングで取りこぼしを少しでも捕るということです。この順番を逆にしてしまうと採集効率が悪くなります。

【熊手《くまで》採集法】

落ち葉や刈り取られて積まれた草を、熊手で取り除いて採集する方法です。地面の穴やくぼみに生息する種類や、地表付近に棲《す》んでいる種類の採集に有効です。

スウィーピング採集法

熊手と網を持って、地表に積み重なった落ち葉や枯《か》れ葉などを熊手で次々と取り除いていきます。すると、隠れていた鳴く虫たちが逃げ始めるので、そこを素早く網に追いこむようにして捕らえます。どの採集方法もそうですが、この方法では特に、マダニと蛇に十分注意してください。ここ数年、各地でマダニの被害が数多く報告されています。マダニは軍手をしていても噛《か》まれるので、帰宅後、噛まれていないか必ず確認してください。自分で見えない首筋の裏側などは、必ず人に見てもらいましょう。もしも噛まれたら絶対につぶしたり力まかせに引っ張ったりせず、皮膚科を受診するなど適切な処置をしましょう。

【追い出し採集法】

昔からよく知られている採集方法で、草を踏《ふ》み倒《たお》して、追い出すようにして網で捕らえます。草原のどの部分で行ってもかまいませんが、一番簡単なのは、草むらから道や空き地に追い出すやり方です。草むらの中にくらべると、逃げて隠《かく》れる場所が少ないため、その分、捕りやすくなるというわけです。

昼夜を問わず行うことができますが、昼間の方が捕りやすい種類、逆に夜間の方が捕りやすい種類がいます。これは種類別に紹介します。

【シート採集法】

前述の追い出し採集法の応用で、広げたシートに鳴く虫を追いこみます。そばに道や土がむき出しになったような空き地がない場合に有効な方法です。

私は、畑の端《はし》にベニア板が置かれている場所でよく採集しました。これはシートを敷くのと同じ状況です。

その畑のそばには竹藪《たけやぶ》があり、林縁《りんえん》部が背丈《せたけ》の低い笹でおおわれた土手になっていました。その土手でガサガサと大きく足を動かすと、驚いたマツムシが飛び跳《は》ねて、土手の下のベニア板に逃げこみます。これを捕らえるわけです。このような場所は格好の採集ポイントとなります。

敷くものは何でもよいのですが、軽くて持ち運びに便利なシートなどがおすすめです。

まず草むらの中で草を足で踏みにじり、そこにシートを広げます。そして、シートの周りの草むらでガサガサと大きく足を動かして、鳴く虫を徐々に追いこみ、シートの上に逃げ

シート採集法

たところを捕らえます。

夜間は虫を見つけられず採集できなかった場所でも、この方法なら同じ場所で昼間採集できる場合があります。

また、飛び跳ねた場所で動かずにじっとしている鳴く虫や、次々と飛び跳ねていくコオロギ類など、種類によって動きがちがいますので、種類別の採集方法でくわしく紹介します。

【網追いこみ採集法】

網を鳴く虫の行く手に受け構えるようにして、網の中に追いこんで捕らえる採集方法です。

マツムシやカワラスズなどに有効な採集方法です。

マツムシの採集例で説明します。マツムシを発見したらいったん静止して、マツムシの様子と位置状況を確認します。次に、マツムシが飛び跳ねる方向を想定して、そこに網を受け構えるように持っていきます。そしてマツムシに接近して、驚いてジャンプしたマツムシを網に追いこんで捕らえます。

目的の鳴く虫の行動を的確に予測することができるかどうかが大きなポイ

網追いこみ採集法

ントです。この予測をまちがえると失敗します。失敗を繰り返していくうちに少しずつ慣れると思います。経験を積むことがなにより上達への近道です。多くの経験をしていくうちに、種類によって逃げる時の行動パターンが少しずつちがうことがわかってくるでしょう。

【カップ採集法】

カップや瓶《びん》などではさむようにして捕る、または、上からかぶせて捕る採集方法です。この方法は、鳴く虫を捕るのに非常に有効ですから、ぜひ覚えてください。昔は瓶を使用するのが一般的でしたが、軽くて扱いやすい丸カップ（⇩25ページ）の方がよいでしょう。

小さな鳴く虫は、網に追いこもうとしてもなかなか入ってくれず、小さいのでどこに逃げたのか見失ってしまいがちです。ですから、カップを使って採集するのがよいと思います。マツムシやウマオイ、ヒゲシロスズなどの地上性の小型種や、ヒバリ類などの小型種の幼虫採集にも適しています。

カップを使用した捕り方には、二つの方法があります。はさむようにして捕る方法と、上からかぶせて捕る方法です。

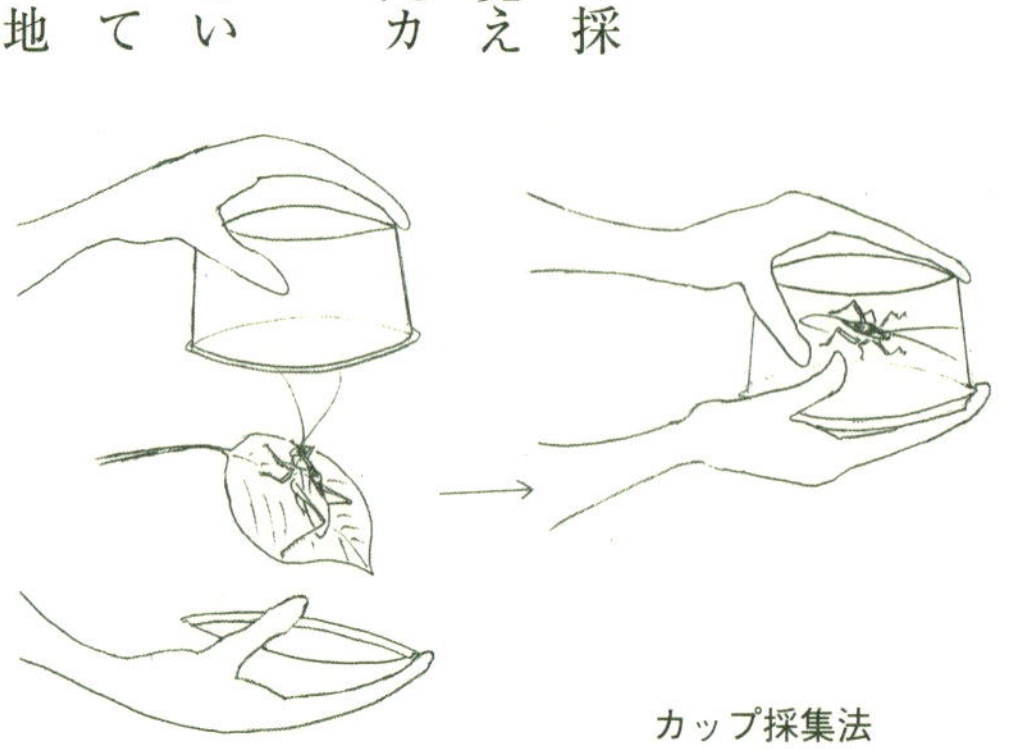

カップ採集法

①　鳴く虫を見つけたら、素早く瓶やカップの本体と蓋《ふた》ではさむようにして捕らえます。この際、鳴く虫を誤ってはさんで殺してしまわないように注意してください。マツムシ、ウマオイなどの採集にむいていると思います。

②　地上三〇センチ以下に鳴く虫がいる場合は、上からかぶせた方がうまくいくと思います。この時、カップなどを上からかぶせた直後、下の隙間《すきま》から蓋をすべりこませるのがコツです。スズムシ、クマスズムシ、ヒゲシロスズ、クマコオロギなどの採集にむいていると思います。

　鳴く虫のいる位置や状況で、はさむか上からかぶせるかを判断してください。

【見下ろし採集法】

　道の土手の下側から生えている高木の樹冠部《じゅかん》をスウィーピングする方法です。道から見下ろしたところに高木の上部、または樹冠部があることが条件で、ふだん網が届かないよう

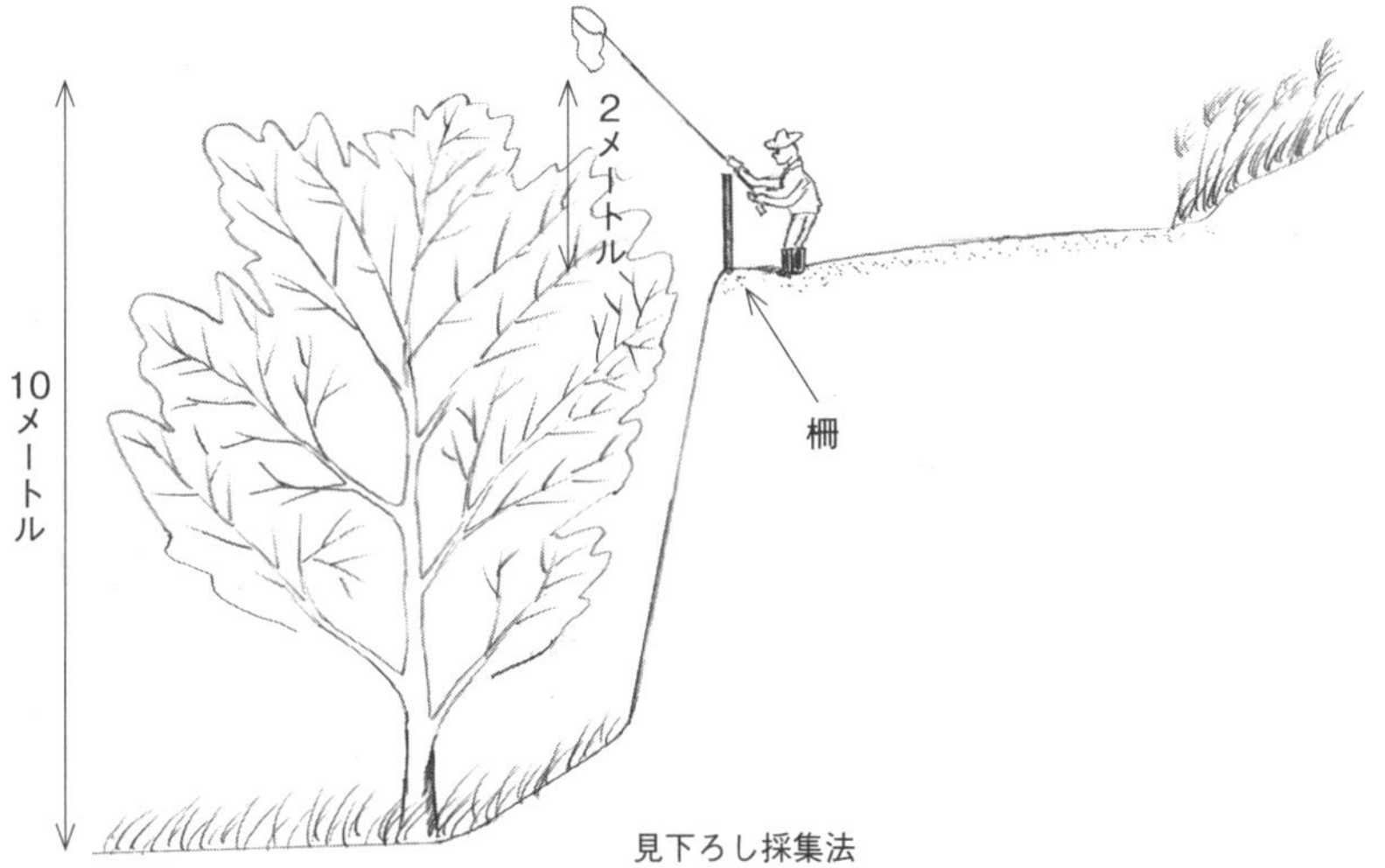

見下ろし採集法

な高木の樹冠部付近のスウィーピングが可能です。ただし、このような恵まれた条件のポイントは決して多くありません。もし見つけることができたら、ヤブキリ、アオマツムシなどの採集に大変有効で、鳴く虫はもちろん、ほかの昆虫《こんちゅう》の採集にも応用できると思います。

【樹液採集法】

カブトムシやクワガタムシの採集でよく知られています。夜の雑木林にはいろいろな種類の昆虫が樹液を求めてやってきます。おもにコナラ属のクヌギ、コナラ、ミズナラや、ニレ、カワヤナギなどの樹液に、カナブン、ヨツボシケシキスイ、スズメバチ、ムカデ、蛾、蝶の仲間など、じつにいろいろな虫たちが集まります。

直翅目《ちょくしもく》の仲間も、コロギス、ヤブキリ、ハヤシノウマオイ、ハタケノウマオイなどが集まっていることがあります。樹液をなめに来ているのですが、この四種はいずれも肉食なので、樹液に集まったほかの昆虫を捕食《ほしょく》することもあります。

昼間これらの樹液が出ている木を数カ所覚えておき、夜間採集に行きます。ヘッドライトで樹液の染み出ているところを照らしてください。そして、ヤブキリやコロギスなど目的の虫を見つけたら、あわてずに網に追いこむようにして捕らえます。虫も食事中は少しだけ警戒心《けいかいしん》がゆるむので、捕まえやすいはずです。

ただし、夜の雑木林は危険に満ちています。マムシやヤマカガシなどの毒蛇には注意が必要ですし、樹液にはスズメバチやムカデなども集まります。特にスズメバチはヘッドライトの光をめがけて飛んでくることがあり非常に危険です。その時はすぐにヘッドライトのスイッチを切って真っ暗にしてください。一度むかって来たスズメバチは、繰り返し飛んでくる傾向があるので、そこでの採集はあきらめてすぐに別の木に移動しましょう。

【そのほかの採集方法】

特に採集方法というわけでもないのですが、コオロギ類は草むらにある物の下にひそんでいることがよくあります。例えば、板切れ、棒切れ、丸太、大きな石などの下です。ですから、これらをひっくり返してみてください。

採集の道具

網《あみ》

網は、鳴く虫を採集するのに欠くことのできない道具です。丈夫でしっかりしたものを選びましょう。網の径は五〇センチか六〇センチの大きめの方がよいでしょう。小さい径の網よりも多少なりともチャンスがふえると思います。

また、釣り具メーカーのものよりも、昆虫採集用具メーカーの網をおすすめします。釣り用の場合、水中で使用するのに合わせた素材で目が粗《あら》め、昆虫採集用は翅《はね》を傷つけないやわらかい素材を使用していて目が細かいのが特徴です。網と柄の接合部（金具）については、草や木など障害物だらけの場所で使用するので、しっかりしているものを選びましょう。比較的障害物が少ない水中で使用する釣り具メーカーの金具と、昆虫採集用具メーカーの金具は基本的な構造が若干ちがっています。ビーティングを行う場合、草木をたたく際に、どうしても網もたたいてしまいがちで、接合部（金具）にダメージをあたえてしまいます。一度破損した接合部は例外を除き修理は難しいと思います。接合部（金具）は、昆虫採集用具メーカーのバネ付ネジ込式のものが耐久性があるのでおすすめです。

網はホームセンターやペットショップなどで買うことができますが、子どもむけの簡単なつくりのものが多いので、本格的に採集をする場合は、信頼《しんらい》のおける専門店で購入するのがよいと思います。子どもむけの網は浅いので、鳴く虫の場合は網に入っても飛び跳ねてすぐに逃げられてしまうからです。私は、網をふくめた昆虫採集用具はすべてインターネットショップで購入しています。購入する際は、昆虫採集用品を専門的に取り扱っている店でも、釣り具メーカーの商品を販売している場合があるので、よく確認して、わからないことがあったら事前に問い合わせてから購入することをおすすめします。

【柄《え》】

網と同時に柄を購入しなければなりません。長さは七〇～一五〇センチ程度がよいと思います。あまり短すぎると届かず、逆に長すぎると機能性に欠けてしまいます。

伸縮可能な金属引き抜き式の柄がとても使いやすいと思います。これだと鳴く虫の種類に応じて長さを調整でき、ビーティングの時は短く、スウィーピングの際は長くして使うことができます。

そして、できたら三～五メートル程度の柄をもう一本用意すれば、さらに採集の幅が広がると思います。特にヤブキリやコロギス（鳴きませんが本書では取り上げます）などは、ある程度の長さがどうしても必要です。もし、これらの高所にいる種類を採集する目的がなければ、長い柄は不要です。

【ヘッドライト】

ヘッドライトは、鳴く虫を夜間に採集する時の必需品《ひつじゅひん》です。懐中電灯《かいちゅうでんとう》を使う人も多いと思いますが、片手がふさがってしまい、採集の効率は一気に下がります。ヘッドライトだと両手が自由に使えるため、圧倒的に採集がしやすくなります。これは鳴く虫以外でも、夜間の昆虫採集すべてに共通します。最近ではＬＥＤの性能のよいヘッドライトが市販されているので、できるだけ明るいものを選ぶとよいでしょう。

【携帯用飼育ケース】

鳴く虫を採集したら容器などに入れて持ち帰りますが、便利なのが携帯用の飼育ケースです。肩ひもがついていて肩から下げて携帯でき、また蓋を外すこともできるので、帰宅後は蓋を外して捕ってきた虫を一気に飼育ケースに移すことも可能です。一方、手提げの虫かごは、捕った虫を入れるのは楽ですが、出す時に時間がかなりかかり、大変面倒《めんどう》です。

また、目的以外の昆虫が捕れた時に入れる、折り畳み式の虫かごを一つ用意するとよいでしょう。昆虫採集をしていると、思わぬ昆虫を見つけて捕る

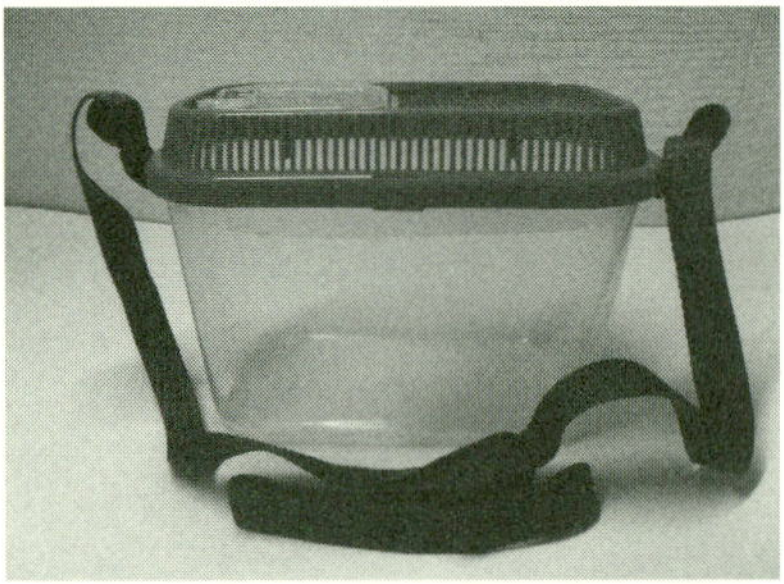

携帯用飼育ケース。肩ひもがついていて便利

場合があります。別の種類の鳴く虫を同じケースに入れない方がよいので、そんな時のために、あらかじめ予備を用意しておくとあわてずにすみます。

さらに、緊急用としてビニール袋を数枚用意しておくと便利です。私は作業服の胸ポケットに常に五枚ほど入れています。捕れた鳴く虫をビニール袋に入れて空気を入れ、口の部分を少ししぼりこむようにしてくれれば即席の虫かごになります。この状態で一時間くらいまでならだいじょうぶですが、あまり長時間入れたままにすると弱るので、注意してください。

【カップ】

小型種の場合、携帯用飼育ケースだと蓋の隙間から逃げられてしまいます。クサヒバリやカネタタキなどの小型種を採集する場合は、カップが必需品です。

食品用の丸カップやプリンカップと呼ばれているものが衛生的で、軽く、便利だと思います。

包装資材の販売店や、インターネットショップなどでも販売しているので、簡単に入手できます。製造メーカーによって、強度と、蓋と本体の閉まり具

丸カップ（430cc）の蓋に穴をあけたもの

丸カップ。左 860cc、右 430cc

合が若干ちがうので、強度があって、蓋の閉まり具合のよいカップを選ぶといいでしょう。サイズもいろいろありますが、四三〇ccくらいが扱いやすくてよいと思います。

蓋には通気口をあけておくのを忘れないようにしてください。丸カップはペット樹脂などでできていて比較的やわらかいので、千枚通しなどで簡単に穴をあけることができます。夏場の高温時は中が蒸れやすいので、できるだけ多くの穴をあけてください。一つの目安ですが、四〇カ所ほどあければよいと思います。

瓶でもかまいませんが、重くて、蓋に穴をあけるのも大変です。

カップで採集する際の注意点は、捕った虫をカップに入れたまま高温の自動車内に置いたり、直射日光に当てたりしないことです。このような劣悪な環境にカップに入れた虫を置くと、すぐに死んでしまいます。私は採集中もカップに入れた虫を常に木陰の涼しいところに置き、採集時間が長くなる時は、カップの中に軽く霧吹き一回程度の水を入れて、虫が弱らないように注意しています。

余談ですが、キンヒバリの採集中に偶然《ぐうぜん》、コクワガタが捕れたので丸カップに入れておいたところ、三〇分くらいで死んでしまいました。これは蒸れだけではなく、底面がツルツルで足場がなかったことも衰《すい》弱《じゃく》につながったものと思われます。クワガタは爪先にひっかかりがないと脚を動かし続けて体力を消耗《しょうもう》したり、脚が麻痺《まひ》してダンゴのように固まって動かなくなったりして、最悪死んでしまうのだと考えられます。あとで、丸カップに木片やオガ粉を入れるか、タオルに包んでおいたらよかったと反省しました。

私が小学校に通っていたころ、学校へ行く途中《とちゅう》でヒラタクワガタなどを採集した時には、必ずハンカチに包んで持ち帰ったものです。友達にクワガタムシを見せるために学校に持って行く時も、ハンカチに包んで行きました。コツがあって、一枚のハンカチに一頭ずつ、それこそ大切な物を入れるように包むことです。一枚のハンカチに数頭包むと、お互いの存在を感じて、もぞもぞと動くのでよい状態を保てません。一頭ずつ包むと、クワガタムシがむだな動きをいっさいせず、長時間携帯することが可能でしょう。

【熊手】

熊手は大きく分けて、鉄製、竹製、プラスチック製の三種類があります。

作業性は鉄製が一番よさそうですが、管理をきちんとしないと錆《さ》びるなどの問題があるのではないかと思います。使用中も、注意を怠《おこた》るとケガをする可能性も否定できません。

竹製は軽くて使いやすく便利でしたが、一シーズンで破損したので、耐久性はあまり強いとは言えません。

私はふだんは柄の長さ二六~二七センチのプラスチック製を使用していますが、軽くて使い勝手がよくて、結構じょうぶです。

大きさも数種類ありますが、あまり大きいと機能性に欠けるので、比較的、小型の方がよいと思います。

購入の際は、熊手の先と柄の接合部分がしっかりしたものを選ぶのがポイントです。

採集計画を立てる

【年間の行動計画】

年間の採集時期の一覧表（⇩31ページ）を作っておいて、一目でわかるようにしておきます。地域によって多少の誤差があります。経験を重ねて毎年修正していきましょう。

また、月別の採集優先順位の一覧表（⇩33ページ）も作っておきます。月によって、どの種類が発生して捕りやすいかなどの目安にする表です。これを作っておくと、目的がぶれにくくなります。

【採集日の計画・準備】

採集に行く前に計画を立てましょう。計画することで、ずっと能率的、効果的、経済的になります。

採集場所を吟味する

採集場所（ポイント）によって捕れる種類が異なります。

例えば、クサヒバリ、カネタタキ、クマスズムシ、ヒゲシロスズを採集したい場合、Aのポイントはクサヒバリ、カネタタキ、クマスズムシ、ヒゲシロスズがよく捕れる。一方、Bのポイントはクサヒバリ、カネタタキはよく捕れるが、クマスズムシとヒゲシロスズはあまり捕れない。となれば当然行くのはAのポイントということになります。

目的の種の生息場所を考慮して採集場所を決めるのと、ただやみくもに行くのとでは、結果に大きな差が出ると思います。

捕った虫を入れる容器を用意する

捕った鳴く虫を入れる容器を準備しておきます。

特に注意すべきなのは、ヒバリ類のような小型種の場合、ふつうの携帯用飼育ケースや目の粗い虫かごなどでは、ケースの蓋やかごの隙間から簡単に逃げられてしまうということです。小型種が目的の場合、カップを目標の採集数から計算して準備しておきます。

私はキンヒバリ、クサヒバリ、カワラスズなどは一つのカップに五頭くらい入れますが、慣れるまでは三頭くらいにしておいた方がいいと思います。四、五頭目を入れる時に、先に入れた虫が蓋をあけたとた

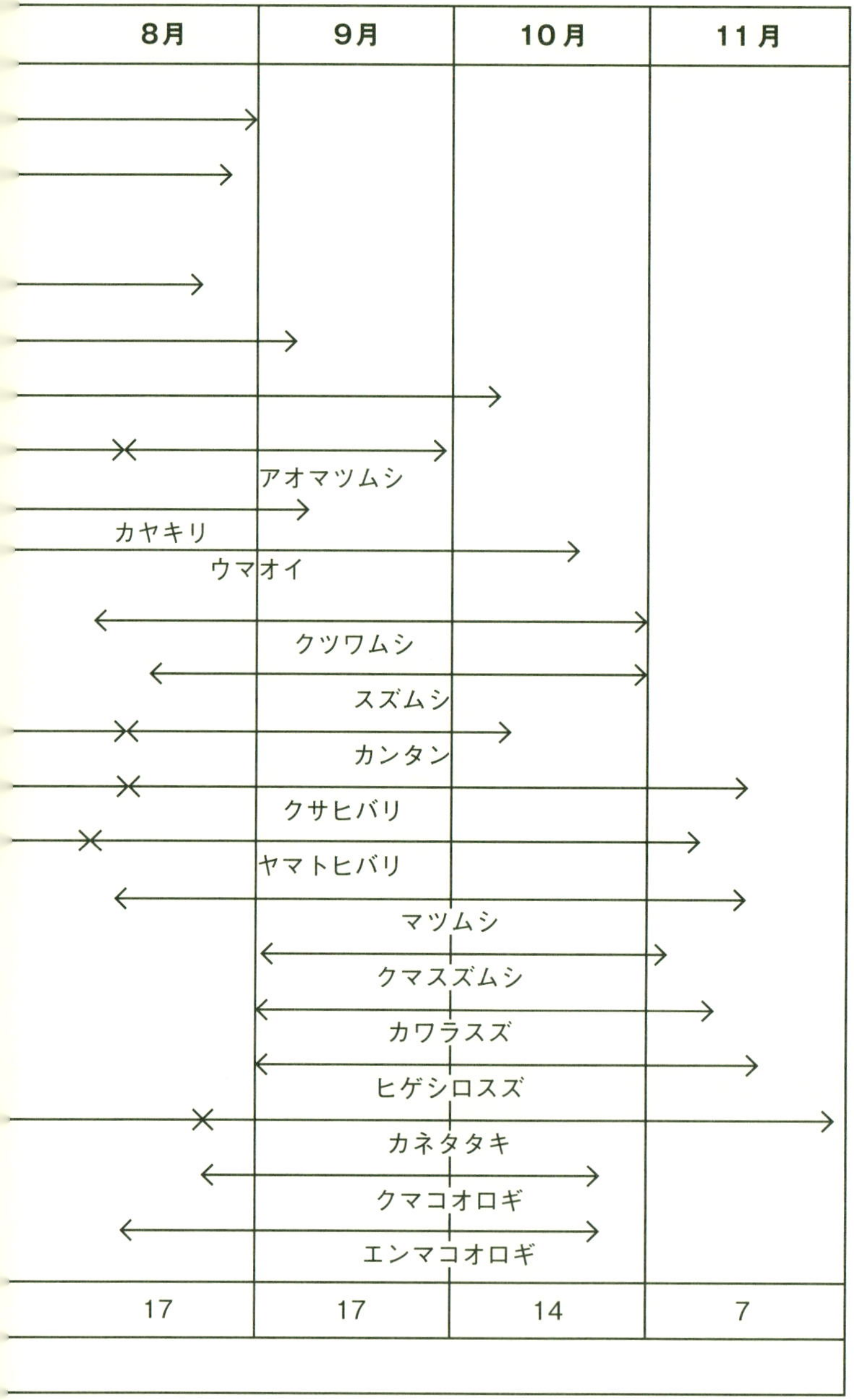
8月
9月
10月
11月
アオマツムシ
カヤキリ
ウマオイ
クツワムシ
スズムシ
カンタン
クサヒバリ
ヤマトヒバリ
マツムシ
クマスズムシ
カワラスズ
ヒゲシロスズ
カネタタキ
クマコオロギ
エンマコオロギ
17
17
14
7

年間採集時期計画（例）

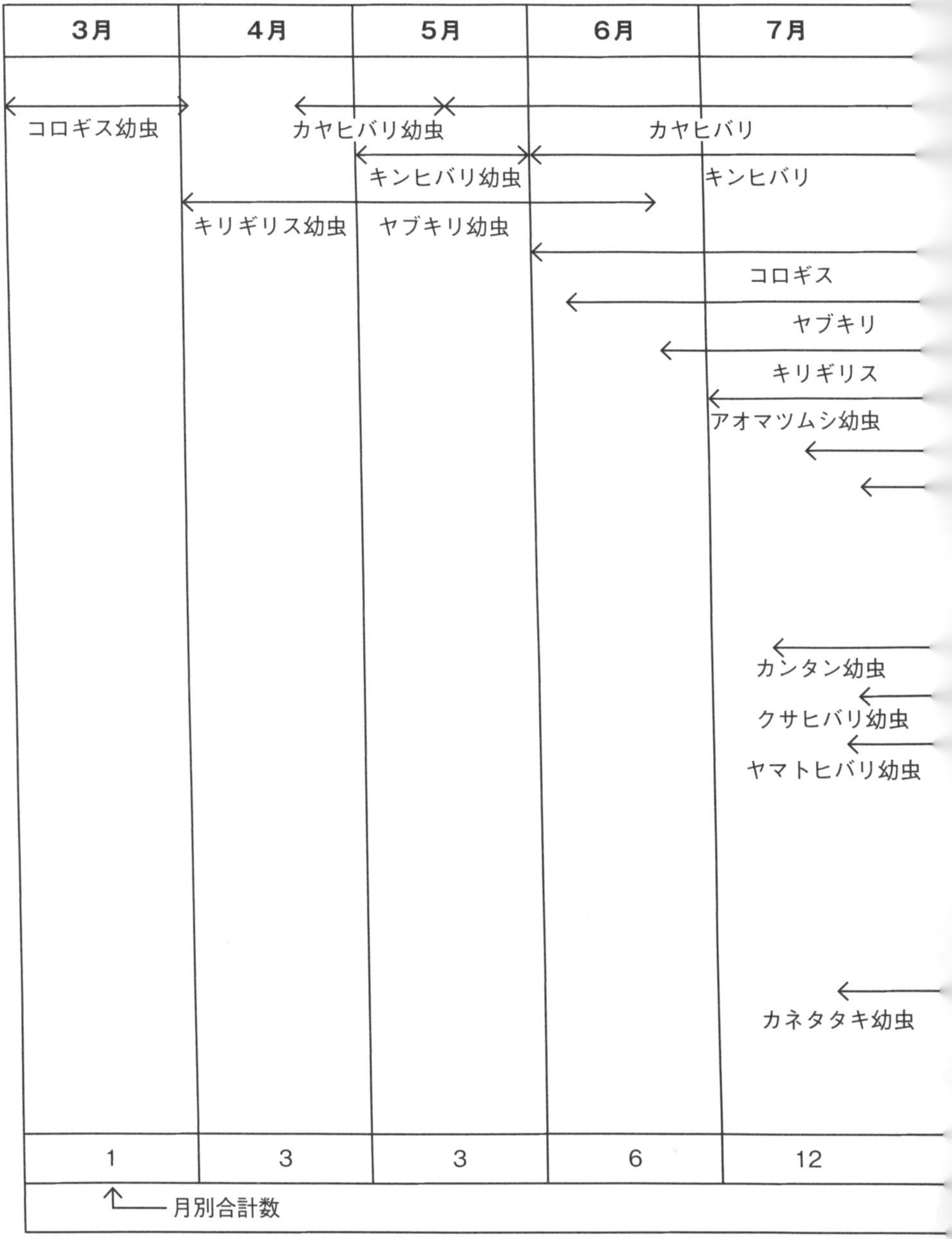

※この表は採集する時期を計画するためのもので、発生時期、鳴く時期とは若干のずれがあります。例えば、カワラスズは8月から成虫が捕れますが、8月に採集に行くとセミの声が大きくてカワラスズの声が聞こえず捕りにくい、真夏の炎天下での河原での採集はかなりの重労働となるなどの点から、9月からを採集時期にしています。また、メスはオスが鳴かなくなったあとでも捕れます。なお、私の住んでいる大阪府を基準にしています。

8月	9月	10月	11月
クツワムシ キリギリス ヤマトヒバリ カンタン ウマオイ	ヤマトヒバリ クツワムシ カワラスズ クサヒバリ マツムシ キリギリス ウマオイ スズムシ クマスズムシ エンマコオロギ クマコオロギ	ヤマトヒバリ クツワムシ カワラスズ クサヒバリ マツムシ カネタタキ ヒゲシロスズ スズムシ	ヤマトヒバリ クサヒバリ カネタタキ ヒゲシロスズ
クツワムシ ヤマトヒバリ アオマツムシ キリギリス カンタン ウマオイ スズムシ	ヤマトヒバリ クツワムシ カワラスズ クサヒバリ マツムシ キリギリス ウマオイ スズムシ クマスズムシ エンマコオロギ クマコオロギ	ヤマトヒバリ クツワムシ カワラスズ クサヒバリ マツムシ カネタタキ ヒゲシロスズ スズムシ	カネタタキ
ヤマトヒバリ クツワムシ ウマオイ クサヒバリ マツムシ キリギリス スズムシ クマコオロギ エンマコオロギ	ヤマトヒバリ クツワムシ カワラスズ クサヒバリ マツムシ キリギリス ウマオイ スズムシ クマスズムシ エンマコオロギ	ヤマトヒバリ クツワムシ カワラスズ クサヒバリ マツムシ カネタタキ ヒゲシロスズ スズムシ	

月別採集優先順位（例）

	4月	5月	6月	7月
上旬	キリギリス幼虫 ヤブキリ幼虫	キンヒバリ幼虫 キリギリス幼虫 カヤヒバリ幼虫 ヤブキリ幼虫	キンヒバリ カヤヒバリ キリギリス幼虫 コロギス	キンヒバリ キリギリス カヤヒバリ カンタン幼虫
中旬	カヤヒバリ幼虫 キリギリス幼虫 ヤブキリ幼虫	キンヒバリ幼虫 キリギリス幼虫 カヤヒバリ	キンヒバリ カヤヒバリ キリギリス幼虫 コロギス ヤブキリ	キリギリス カンタン幼虫 キンヒバリ
下旬	カヤヒバリ幼虫 キリギリス幼虫 ヤブキリ幼虫	キンヒバリ幼虫 カヤヒバリ キリギリス幼虫	キンヒバリ キリギリス コロギス	ヤマトヒバリ幼虫 キリギリス カンタン幼虫 ウマオイ コロギス

んカップから逃げてしまいパニックになることが多いからです。
一つのカップに入れる数は、以下を参考にしてください。

ヒバリ類（小型種）三頭　マツムシ三～五頭　スズムシ五頭
キリギリス幼虫とヤブキリ幼虫　二～三頭
キリギリス、ヤブキリ、ウマオイ、コロギス各成虫　一頭のみ（共食いするため）

カップには必ず蓋に千枚通しなどで穴をあけておきます。そうしておかないとカップ内が蒸れて虫が弱ってしまい、そのうえ直射日光が当たるなどの悪条件が重なると死んでしまう危険性もあるからです。
目安として、体長一三～一四ミリ以上の鳴く虫は、虫かごや飼育ケースでもかまいませんが、それ以下の体長の小型種の場合はカップの方がよいでしょう。ただし、飼育ケースは、メーカーによって蓋の隙間の大きさがちがいます。かなり隙間の大きいものもあり、体長一四～一六ミリのカンタンの成虫でも逃げられる場合があるので注意が必要です。

ポイントの発見方法

「はじめに」で、鳴く虫の採集では捕りやすいポイントを見つけることがきわめて重要だと言いました。

ポイント探しは鳴く虫を採集するうえで、非常に大きなウエイトを占めていると言っても過言ではありません。これは、ほかの昆虫と若干異なっている点です。

例えば、クワガタムシやカブトムシの場合は、木の根っこの土の中に隠れているもの、樹洞や木の割れ目の中に潜んでいるもの、木の高いところにいるもの、低いところにいるものなど、いる場所さえ見つけることができたら、捕りやすさのちがいは多少はあっても、場所による差はさほど大きくないと思います。しかし、鳴く虫の場合は、場所や状況によって採集の難易度が大きくちがいます。特に、マツムシやクサヒバリ、キリギリスなどで顕著《けんちょ》です。これは、藪の密生度、草の高さなどが大きく影響《えいきょう》するからです。

この問題を克服するためには、一カ所でも多くのポイントを発見することです。

ポイントを発見するには、目的の鳴く虫がいそうな場所を自転車や自動車で走りながら探すのが比較的簡単だと思います。自宅の周辺は自転車で、少し遠い地域は自動車で行くとよいでしょう。

昼行性の鳴く虫の場合は、ポイントを発見したら、すぐその場で採集できます。

一方、夜間の場合は、自転車や自動車で走りながら、鳴き声でポイントを探します。これはとても有効なポイント発見の手段です。自動車の場合は窓を開けて走ることが大切です。窓を閉めきっていると、肝《かん》心《じん》の虫たちの声が聞こえません。

夜にポイントを発見したら、必ず一度は昼間にも行き、周辺の状況を確認しましょう。あらかじめ危険な場所と道をチェックするためです。地面にあいている大きな穴、沼、水路などの危険な場所を確認することによって、未然に事故を防止することができるのです。

また、道の確認も大切です。道に迷ったのが原因で遭難《そうなん》したというニュースをよく耳にします。夜間、道に迷うことがないように、昼間のうちに入念に確認しておきましょう。近道を覚えておくのも大切です。遠回りするのと、近道をするのとでは結果に大きな差が表れます。鳴く虫を採集する場合も、能率的、効果的、かつ経済的に行いましょう。昼間、状況を確認しておけば、夜間の採集はやりやすくなります。

ポイントの調整

毎年、同じポイントで採集していると、やがて虫の数は減少していきます。これを防ぐためには調整が必要です。どのようなことに気をつければよいのかを話しましょう。

おもな調整内容は次の三点です。

① あまりたくさん捕りすぎない。

② ポイント数カ所で調整する。（これが最も重要）

③ メスの採集は必要最低限にとどめ、余分に捕れた個体は逃がしてやる。

まず、当然のことですが、あまり捕りすぎないように注意してください。飼育に適した数にとどめ、捕りすぎた場合はその場で逃がします。

次に、ポイントは三～四カ所以上（できれば五～六カ所以上が望ましい）必要です。その複数のポイントで調整します。具体的には、最初にAのポイントで捕り、翌週（翌月）Bのポイントで捕り、そしてさらに翌週（翌月）はCのポイントで捕るというように、少しずつ時期をずらしながら巡回していくような捕り方です。もう一つ、今年はAのポイント、来年はBのポイント、再来年はCのポイントというように、年によって採集する場所を変えるという方法もあります。前者は自宅近くのポイント、後者は比較的、遠方のポイントの場合に行うとよいでしょう。

このように調整していくと、毎年安定して捕ることができると思います。

ポイントが一カ所しかない場合、そこで採集を繰り返すと、数が減少する危険性がきわめて高くなります。最低でも二カ所必要ですが、種類によってはたった二カ所では調整ができない場合もあります。

例えば、カンタンのように飛ぶことができて多少移動できる種類と、クツワムシ（タイワンクツワムシは除く）のように飛んで移動できない種類とでは減少率がちがいます。後者のように移動が限られる種類の場合は、できるだけ多くのポイントで調整しましょう。

最後に、余分に捕れたメスはその場で逃がしてやります。オスももちろん大切ですが、産卵するメスはもっと大切です。特に腹持ち（お腹に卵を持っていること）のメスの取り扱いは慎重《しんちょう》にしなければなりません。卵を持っていると、お腹がふくれて大きくなっているのですぐにわかります。

ただし、採集した場所ではないところに逃がすのは遺伝子を乱すことになるので、絶対にしてはいけません。必ず採集したその場で逃がしてあげてください。

服装

一般的な昆虫採集の服装に準じていただければ結構です。

日よけに帽子をかぶってください。クモの巣や虫よけにもなります。

長袖、長ズボン、長靴を着用しましょう。草むらや低木林の中には、毒蛇、マダニ、ムカデ、蜂など、危険な生き物が生息しており、またトゲのある植物も多く自生しています。これらから身を守るためには、素肌をさらしてはいけません。特に長靴以外の靴だと、蛇に噛《か》まれる危険性が高くなります。長靴を履いたからといって、必ずしも安全ではありませんが、少しでも危険から身を守るために必要です。また、首筋をタオルでおおってください。首筋を虫さされから守るためと、服のエリから危険な虫などが入ってこないようにするためです。

帽子や服は黒っぽい色を避《さ》けて、できるだけ明るい色の方がよいでしょう。これは、蜂が黒い色を攻撃する傾向があることが知られているからです。

手には軍手などの手袋をしてください。私は不覚にも、昨年の秋、右手をマダニに噛まれてしまいました。すぐに皮膚科で治療をしてもらったところ、幸いにもウイルスには感染していませんでした。

夜間の採集に行った翌朝、右手にごく小さな赤っぽい血豆のようなものを見つけました。前夜の帰宅後の入浴時には、まったく気づきませんでした。最初はトゲか何かでケガをしたのかなと思い、ごく小さかったので爪でそれを取り除きました。机の上に落としたのですが、驚きました。なんと、その血豆と思っていたものが、もぞもぞ動いているではありませんか。そこでやっとマダニだと気づいたのです。

それ以来、その場所で採集する時は、必ず軍手を二重にするようにしました。

服装ではありませんが、水筒（飲み物）は必須です。熱中症予防のためにも必ず持参しましょう。

採集の心構え

【昼間の心構え】

畑や田んぼなどの私有地付近の草むらで採集する際は、地主の方に必ず事前に断わってから採集してください。その付近で作業されている農家の方に聞いてみるといいでしょう。そして、採集する場所の付近で会った農家の人全員に必ず挨拶《あいさつ》をしましょう。農家の方は親切な人がとても多く、顔見知りになるとむこうから声をかけてくれるようになります。

体験談ですが、地主のご主人に挨拶をすませて採集に没頭《ぼっとう》していると、後方から奥さんがこんにちはと声をかけてくれました。そして、今日はもう虫は捕れましたか？と聞いてくれます。採集した虫を見せて、その種名と音色を説明すると喜んでいただけました。やはり常日ごろのコミュニケーションはとても大切だと思います。

また、私はマツムシの産卵床《さんらんしょう》用として、毎年農家の方から稲わらをたくさん分けていただいています。きちんと説明をすると、快く引き受けてくださいます。

もちろん、田んぼのわらは勝手に取ってはいけません。畑などの農作地には絶対に入ってはいけません。これらはすべて、人の土地であることを決して忘れてはなりません。

【夜間の心構え】

昼間の心構えとほとんど同じです。ただ、夜間は不審に思われることが多いかもしれません。暗闇《くらやみ》の中で、ヘッドライトをつけてうろうろしているのですから、不審に思われても仕方ありません。ですから、人と会った時、すれちがう際は、こんばんは！とこちらから先に挨拶をしましょう。この挨拶で不信感はかなり取り除かれると思います。むやみにへりくだったような態度をとる必要はありません。別に何も悪いことをしているわけではないのですから、堂々と元気よく挨拶をすればよいのです。

そして、当たり前のことですが、ゴミは必ず持ち帰りましょう。これは昼も夜もです。

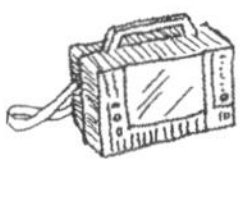

飼育する際の注意点

【飼育ケース】

鳴く虫を飼うのには飼育ケースを使うのが一般的だと思います。中の様子が観察しやすくて便利ですし、小型種からキリギリスなどの大型種まで幅広く使用できます。サイズは、小さいものから特大のものまで幅広く市販されているので、種類や幼虫、成虫など用途に合わせて選ぶとよいでしょう。

選ぶ際の注意点ですが、鳴く虫は跳躍力《ちょうやくりょく》が強い種類が多いので、フラットタイプなどの高さが低いタイプは不向きです。できるだけ高さのあるものを選びましょう。

また、飼育ケースの蓋にわずかな隙間しかない、コバエの侵入防止が施《ほどこ》されたタイプもあります。これは小型種脱走防止の点では便利ですが、密閉性が高いことから聞こえてくる鳴き声がやや小さくなる傾向があるので、鳴き声が小さくなっては困るという人には向かないと思います。

累代《るいだい》飼育（産卵させて代を重ねて飼育すること）の場合は、春以降の水やりのことを考えて、あらかじめ飼育ケースの底四隅《よすみ》に穴（五ミリ程度）をあけて網戸用ネット（五センチ角程度）を穴の上に敷《し》き、その周りに少し大きめの小石を敷きつめてから土を入れておくといいでしょう。

このほか、ガラス水槽《すいそう》、甕《かめ》などを使用してもよく、飼育容器の種類は特に問いません。

キリギリスを竹かごに一頭ずつ入れて飼い、鳴き声を楽しむことは古くから知られています。

大きさ

サイズはメーカーによって異なりますが、おおよその飼育ケースのサイズを紹介するので、目安として参考にしてください。

特大：幅四一〇ミリ×奥行き二六〇ミリ×高さ二九〇ミリ
大：幅三七〇ミリ×奥行き二二〇ミリ×高さ二四〇ミリ
中：幅三〇〇ミリ×奥行き一九五ミリ×高さ二〇五ミリ
小：幅二三〇ミリ×奥行き一五五ミリ×高さ一七〇ミリ

【小型種を飼う時の注意事項】

ヒバリ類のような小型種は飼育ケースの蓋の隙間から逃げてしまいます。そのため、蓋と本体の間に、市販のコバエよけシートなどをはさんで逃げられないようにします。また、マツムシの場合、成虫は問題ありませんが、幼虫は逃げられるので、やはりシートなどをはさむ必要があります。このように、小型種に限らずほかの種類でも、その時の状況に応じて準備することが大切です。

また、ヒバリ類のような小型種の世話をする際は、家具や物などがあまり多くない部屋で行ってください。物がたくさんある部屋で逃げられると一瞬《いっしゅん》で行方不明になります。万が一の時のために、丸カップやビニール袋などを用意しておきます。逃げられたら、カップなどを鳴く虫の行く手をふさぐようにして追いこんで捕るか、上からかぶせて捕るようにすればよいでしょう。

【マット】

飼育ケースの底に入れる土やピートモスなどのことをマットと言います。

庭や畑の土は雑菌《ざっきん》などが多い可能性があるので、使用する場合は土を焼いて消毒する必要があります。これは非常に手間がかかるので、園芸店やホームセンターなどで販売されている赤玉土《あかだまつち》（小粒）などを利用するとよいでしょう。念のためそのまま使わずに、赤玉土を新聞紙に広げて五～六時間日光消毒してから使用します。ペットショップやホームセンターなどでスズムシ用の土が販売されているので、これを使うのも便利です。ただし、カワラスズは土やスズムシ用の土ではなく川砂を使った方がよいなど、特殊《とくしゅ》な例もあるので注意しましょう。

【隠れ家や足場】

鳴く虫の中でも特にコオロギの仲間は、本来、うす暗いところに隠れて生活する種類が多いので、隠れ家をつくってやると虫が落ち着きます。スズムシは直接の風を嫌《きら》うので、この点においても隠れ家は大切です。

植木鉢や瓦《かわら》のかけら、流木、クヌギなどの皮、竹のかけら、炭など、鳴く虫が隠れることができるものなら何でもかまいません。使用前に、クモやアリなどの外敵が付着していないかよく確認して、念のため、広げた新聞紙の上などに置いて日光消毒してから使うのがよいでしょう。

【置く場所】

飼育ケースは、直射日光の当たらない、風通しのよいところに置きましょう。

直射日光が当たると、飼育ケース内の温度が上昇してよい状態が保てません。最悪の場合、死んでしまうこともあります。また、風通しの悪いところで飼育すると、土や餌、止まり木などにカビが生えたり、餌が腐《くさ》りやすくなったりするので注意が必要です。

【コケ水】

水飲み場となるコケを用意します。ハイゴケやヤマゴケなど、水をたっぷりふくませることができるコケなら特に種類は問いません。ホームセンターやペットショップなどで乾燥《かんそう》した状態で販売されている、ミズゴケやスズムシ用のコケなどを利用するのも便利でしょう。

ペットボトルの蓋などにコケを入れて水をふくませます。小さな食品保存容器などでもいいでしょう。

コケ水は天候によって日持ちが左右され、雨天の場合は少し長持ちしますが、晴天続きの場合は早く乾燥してしまいます。毎日水を補充する必要はありませんが、確認は必要で、かわいていたら水を足します。

また、真夏の高温時は水が腐ることがあります。連日、気温が高い場合は十分注意して、水を入れ替えましょう。糞《ふん》が入りこんだり、コケが劣化したりしても水は腐ります。コケも時々新しいものと交換してください。

ペットボトルの蓋などにコケを入れて水をふくませる。右は乾燥タイプ

【餌《えさ》】

野菜

古くから餌としてあたえられているのがナスとキュウリです。コオロギの仲間からキリギリスの仲間まで、幅広く使用できると思います。これ以外にも、カボチャ、タマネギ、ニンジンなども餌として使えます。キリギリスの仲間はタマネギを好んで食べます。

これらの野菜類をあたえると、野菜から水分補給ができるので特に水やりは不要ですが、二〜三日に一回くらい軽く霧吹《きりふ》きをしてやると、喜んで水をなめます。

野菜類は、残留農薬がついているとよくないので、十分水洗いしてからあたえてください。また、傷みやすいので、二日に一回、夏場は毎日、交換してください。特に猛暑の高温時は傷む前にこまめに交換する方がよいでしょう。

野草

クズ——マメ科植物で、河川敷や池の土手などに多く自生しています。鳴く虫の餌として一般的で、クツワムシやマツムシ、カンタン、クマスズムシ、エンマコオロギなどが食べます。

クツワムシは新鮮《しんせん》なクズの葉を好んで食べます。コップに水を入れて、その中にクズの葉をさしておくと少し長持ちします。マツムシは乾燥させたクズを好み、生のクズの葉はほとんど食べません。エンマコオロギも乾燥したクズをよく食べます。また、カンタンはアリマキ（アブラムシ）を食べる肉食ですが、乾燥したクズも少し食べます。

このように、新鮮な葉を好む種類と、乾燥した葉を好む種類がいるので、それぞれに適したクズの葉をあたえましょう。

ツユクサ――マツムシ、クツワムシなどのほか、さまざまな鳴く虫の餌として使えます。マツムシは幼虫の時から好んで食べます。クズよりも日持ちがするうえ、簡単にふやせるので、プランターなどに植えておくと大変重宝します。

ススキ――マツムシの幼虫がよく食べます。またカヤキリの餌にもなります。

落葉広葉樹の葉――サクラ、エノキ、クヌギ、コナラなどの葉は、アオマツムシが好んで食べます。また、これらの枯れ葉はクツワムシも食べます。外でとってきた野草や広葉樹の葉などは、残留農薬がついているといけないので、よく洗って軽く水を切ってからあたえましょう。

乾燥させたクズの葉はマツムシの大好物

ツユクサも餌として使える

果物

リンゴ、ナシ、スイカ。これらの果物類も、鳴く虫の餌として使用できますが、スイカは飼育ケース内が汚《よご》れやすくなるので、リンゴか、ナシの方が管理しやすいと思います。

すり餌《え》

すり餌は、本来は野鳥の飼育ができた時代に使われていた餌で、上餌《うわえ》（米糠《こめぬか》、大豆、玄米《げんまい》などの穀物質）と、下餌《したえ》（鮒粉《ふなこ》などの動物質）を混合したものです。現在、野鳥の飼育は禁じられており、市販されているすり餌は、国産野鳥の亜種など輸入証明つきの鳥の餌として使われています。

すり餌には種類があります。市販されているのは、おもに四分餌、五分餌、六分餌、土佐餌《とさえ》などで、各数字は鮒粉の割合を示したものです。五分餌というのは、上餌一匁《もんめ》（三・七五グラム）に対して、下餌を五分の比率で混合したものです。

参考までに、価格もいろいろですが、これは原材料によるものです。特に下餌の方が高く、国産の鮒粉が最高級で、鮒粉と表示されています。一方、比較的安価なのは魚粉《ぎょふん》ですが、どのような魚を使用しているのかよくわかりません。上餌の場合も国産か外国産かで値段がちがってきます。

また、土佐餌というのはメジロ用の餌で、上餌だけで作られています。

ミルワーム

ゴミムシダマシ科の甲虫《こうちゅう》の幼虫の総称《そうしょう》で、小鳥、爬虫類《はちゅうるい》、両生類《りょうせいるい》などの餌としてペットショップなどで販売されています。動物性タンパク質を多くふくみ、臭いがなくて噛みつくこともなく、清潔で成虫になってもあたえることができるので、ウマオイ、ヤブキリ、コロギスなど肉食の直翅目の餌としてとても優秀です。ただし、脂肪分を多く含んでいるので、あまりあたえすぎないように注意してください。

餌の置き方

野菜や果物などは、直接土の上に置かず、竹串《たけぐし》などにさして土から少し浮かせるように置きましょう。土の上に直接置くと、野菜などの傷みが早くなり、カビが生えたりして土を汚してよい状態を保てないので注意が必要です。

スズムシ用の餌やすり餌なども、ペットボトルの蓋や小皿などに入れて、直接土の上に置かないようにします。

【そのほかの注意点】

◎飼育ケースの近くで殺虫剤や蚊取り線香などを使用しないこと。全滅《ぜんめつ》する場合があります。

◎殺虫剤を使用した手、虫よけスプレーを使用した手で飼育ケースにふれないこと。
◎飼育セットは、できるだけ生息していた環境《かんきょう》に近づけてあげましょう。
◎水が直接かかると嫌《いや》がるので、霧吹きする時は体にかからないように注意してください。
◎もし死んでしまったら、死骸《しがい》をすぐに取り除いてください。死骸を食べてしまい、一度味を覚えたら、共食いの癖がついてしまう可能性があります。

放虫はしないこと

同じ種でも地域によって少しずつ個体差があります。そのため、棲んでいたところとは異なる場所に放すと、遺伝子を攪乱《かくらん》する恐れがあります。また、もともといなかった地域に持ちこむことは、その地域の生態系を乱す原因となります。ですから、絶対に鳴く虫を別の場所で放さないでください。一度飼い始めたら、最後まで責任をもって飼育しましょう。

コオロギの仲間

北海道から九州まで日本全土に広く分布しています。南西諸島方面には南方系の種類が分布しています。しかし、マツムシやキンヒバリのように、北海道や東北地方には棲《す》んでいないような、分布が局地的な種類もいます。

コオロギの仲間は地上性から樹上性まで、多様な生活環境の中で生息しています。ですから、採集する場合はまず、その種類の生態をある程度理解しておくことが大切です。

また、一般的に小型種が多く、特にヒバリ類などは大変小さくて、「声はすれども姿は見えず」という種類も多いので、事前の準備は怠《おこた》らないようにしたいものです。

網に入ってからの行動パターンは、ふつうは網の中で上へ上へと飛び跳《は》ねて逃《に》げて行きますが、中にはまったく逆に、下へ下へと逃げて行く種類もいます。このような習性のちがいも理解しておいた方がよいでしょう。

コオロギの仲間は美しい鳴き声の持ち主が多いのが特徴です。採集してきて自分の部屋で飼育して、部屋中にその美しい声を響《ひび》かせることができたらどんなに素晴らしいことでしょうか。小型種が多いので採集は決して簡単ではありませんが、ぜひチャレンジしてみてください。

マツムシ

古くから人気があり飼われてきた、鳴く虫の代表です。スズムシとともに「虫のこえ」という歌でも有名なので、鳴く虫にあまり興味のない方でも知っている人は多いのではないでしょうか。

体長二二～二四ミリ内外と、スズムシよりひと回り大きめです。体色は褐色《かっしょく》で、オスの翅《はね》はやや透明《とうめい》感があり、メスは発達した産卵管《さんらんかん》を持っています。

八月中旬ごろ～一一月中旬ごろ、チンチロリン、チンチロリンと軽快なテンポで鳴いています。連続鳴きではなく、ハッキリとした間があるので、たくさん鳴いていても非常に美しく聞こえます。比較的大きめの、よく通る美しい音色です。

じょうぶで飼いやすい鳴く虫の一つです。

本州、四国、九州に分布しています。河川敷《かせんじき》や池などの堤防に多く、それ以外の草原にも生息していますが、河川敷や池ならどこにでもいるというものではないため、やや局地的だと思います。これを私は準局地的と呼んでいます。スズムシやカワラスズ、クツワムシなども同じような傾向にあります。

上：オス　下：メス

【夜間の採集方法】

一般的な草原での採集法

夜間、マツムシは、ススキ、クズ、笹原の地上約二〇～四〇センチ以下のところで鳴いています。ススキの場合は根もと付近で鳴いていることが多いので、ヘッドライトを照らしてそっと近づいて行き、神経を集中し、粘り強く見ていると、鳴いているマツムシを発見できます。メスもオスの近くを探せば発見できます。

ヘッドライトで照らしてもわりと平気で鳴いているので、見つけたら素早く両手でおおうようにして捕らえます。この時、マツムシを誤ってつぶしてしまわないように、手の中に空間を作ってその中に入れるようにイメージしてください。手のひらではさんだあと、左右に軽くふると、中でマツムシが暴れて動くので、成功したことがすぐにわかります。

私は手づかみで捕らえ、手のひらの中でマツムシが動きまわる感触を確かめながら、愛用の肩ひもつきの飼育ケースに入れます。失敗した時は、この感触がまったくないのでわかります。失敗した時は、付近をよく探すと、逃《に》げたマツムシを発見できることがあるので、繰り返し挑戦《ちょうせん》しましょう。

鳴いているマツムシ

その草原にフェンスや柵《さく》などがあれば、その下側付近で鳴いていることが多いので、これもねらい目です。

また、昼間より夜間の方が、少し動きが敏捷《びんしょう》なので、昼間と夜間の両方の採集を経験して、そのちがいも頭に入れておくとよいでしょう。

網追いこみ採集法

網をマツムシの行く手に受け構えるように置き、網の中へ追いこむようにして採集します。この方法の一番のポイントは、いかにマツムシの逃げる方向を予測することができるかです。これをまちがえるとうまくいきません。失敗を繰り返すうちに、だんだん上達していくので、あまりあせらずに続けるとよいと思います。やはり経験がとても大切です。

うまく網にマツムシが入ったあとも気をぬいてはいけません。マツムシはスズムシとはまったく異なり、非常に跳躍力《ちょうやくりょく》があります。せっかく網に入ったのにジャンプして逃げられる可能性もあるので、すぐに網の上部を手でつかんでギュッとしぼりこみ、用意しておいた携帯用飼育ケースや虫かごに素早く入れるのがコツです。

カップ採集法

カップか瓶《びん》などで、はさむようにして捕ります。この時、まちがってマツムシをはさまないように、十分注意してください。万が一、はさんでしまうとマツムシの体はやわらかいので、おそらく死んでしまうでしょう。カップで捕まえたマツムシは、採集場所付近の空き地など開けた場所でケースに移してから持ち帰ります。

クズの葉ちぎり取り採集法

クズ原にいる場合、鳴いているマツムシにできるだけ近づいて、クズの葉を上から一枚ずつ指先で摘《つ》んでいきます。強く引っ張ると、振動が伝わり、驚《おどろ》いたマツムシは鳴きやむか、逃げてしまいます。気づかれないようにそっと静かに摘むのがコツです。根気よく一枚ずつクズの葉を取っていくと、ほとんど振動をあたえることなく、鳴いているマツムシにたどり着けると思います。

この採集方法は、ほかの方法にくらべると大変根気がいります。

【昼間の採集方法】

追い出し採集法

マツムシの、驚くとジャンプする性質を利用した採集方法です。前日の夜間に鳴いていた場所を覚えておき、草を踏《ふ》み倒《たお》して追い出すようにして捕ります。

ただし、クズ原ではこの方法での採集は困難です。クズ原以外の草地、特に背丈《せたけ》の低い草原などでねらいます。

草地の端《はし》から入り、足でガサガサと草を踏んでいってください。物音や振動に驚いたマツムシが草の中から飛び出してきます。

マツムシは、着地した場所で動かずにじっとしていることが多いので、次の行動に移る前に素早く網ですくうか、網の中へ追いこんで捕ります。

背丈の低い笹原がねらい目

前述の追い出し採集法に関連するのですが、じつは高さ四〇~五〇センチ程度の低い笹原が最もマツムシの捕りやすい場所だと思います。このようなマツムシの生息場所は絶好のポイントです。

前日の夜に鳴き声を確認して、場所を覚えておいて昼間行きます。笹原の端の方からゆっくりと入ってください。異変に気づいて驚いたマツムシは、笹の上部に飛び出してきます。マツムシはとまったところでしばらくじっとしているので、あわてずに両手で包みこむようにして捕らえます。また、カップではさんでもいいでしょう。笹の先端《せんたん》部分付近にとまることが多いため、とても捕りやすい状況です。

この丈の低い笹原では、オス・メス両方が短時間で捕れるでしょう。比較的たくさん捕れるので、余分に捕れたメスはその場で逃がしてください。

笹の高さがポイントで、五〇センチを超えるような笹原になると逆に非常に捕りにくくなります。

【採集は昼がよいか夜がよいか】

マツムシは夜間よりも昼間の方が、ほんのわずかですが動きが鈍《にぶ》くなります。そして、よいポイントさえ発見できれば、じつは、夜間よりも昼間の方が比較的捕りやすいのです。しかもオス・メスをわりあい均等に捕ることができます。

ではなぜ夜間の採集方法を紹介《しょうかい》したかと言うと、昼間採集した個体は必ずしも鳴きがよいかどうかわからないからです。翅の内側の隠《かく》れた部分が欠けているなどの、鳴きが悪い個体が混じっている場合があります。

スズムシの例になりますが、以前、採集してきたスズムシの中から、できるだけ大きめの体格のよい個体を一頭だけ選び、鳴き声を楽しもうと机の横に置いたのですが、いっこうに鳴かなかったのです。おかしいなと思い注意深く観察すると、カシャ、カシャとよく耳を澄《す》まさないと聞こえないような、ごく小さな音を出しているのに気づきました。見ると片方の翅が大きく欠けていたのです。これは外観からはまったくわかりません。鳴く時に翅を開いている状態を見ないとわからないのです。このスズムシは翅が欠けていても一生懸命に鳴いていたのです。

このような極端な例は多くはありませんが、同じ理由で鳴きが悪いということが時々あります。また、鳴きには多少ですが個体差があります。鳴きのよい個体を手に入れたければ、夜間、実際に確認して採集するといいでしょう。夜間の採集は初心者には難しいかもしれませんが、苦労して捕った鳴きのよい個体を家で鳴かせることができれば、こんなに素晴らしいことはありません。

【飼い方】

飼育環境

飼育ケースの底に市販の赤玉土《あかだまつち》やスズムシ用の土を五～六センチほど敷《し》きつめます。そして、クズの葉を一～二枚ほど入れてください。また、ススキを一〇～一五センチ程度に切ったものを数本、土にさしてやると、マツムシはこれにとまって鳴いたり、休んだりします。

餌

乾燥《かんそう》させたクズの葉をあたえます。マツムシの大好物で、葉脈《ようみゃく》だけを残してきれいに食べつくします。マツムシは新鮮《しんせん》なクズの葉はほとんど食べないので、天日で数日間干してからあたえてください。クズの葉が手に入らない場合は、ツユクサあるいはキュウリやナスなどの野菜で代用できます。野菜は逆に新鮮なものしか食べません。

そして市販のスズムシの餌（粉末タイプ）、または煮干《にぼ》しなどもあたえて

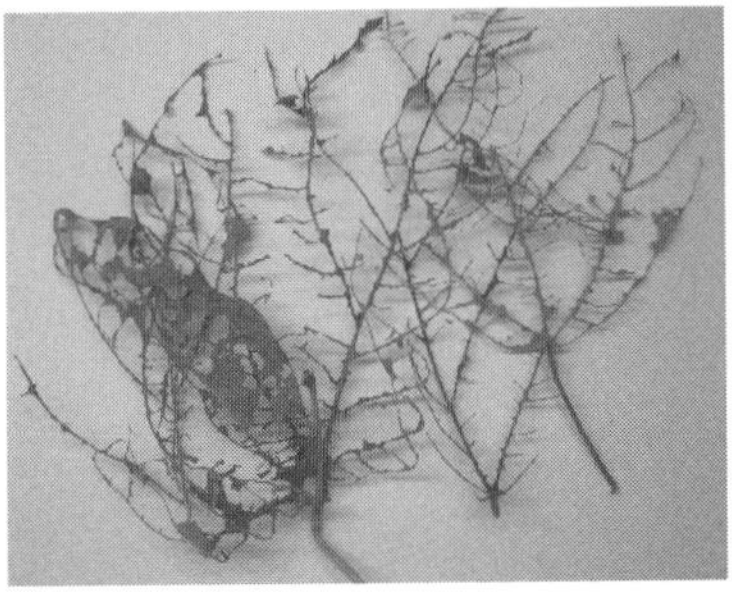

葉脈を残して食べつくされた乾燥させたクズの葉

ください。スズムシの餌には粉末タイプと顆粒《かりゅう》タイプがありますが、粉末タイプの方が幼虫から成虫まで幅広く使用できます。これらの動物質の餌は共食いを防止することにも多少役立ちます。動物質の餌が切れると、どうしても共食いが始まりますので注意してください。

水分補給

野菜をあたえている場合は、野菜から水分を補給できるので問題ありませんが、乾燥させたクズなどの植物の葉をあたえている場合は水分をとることができないので、必ず霧《きり》吹《ふ》きで水分をあたえる必要があります。直接虫に吹きかけるととても嫌《いや》がるので、できるだけ虫にかからないようにします。

これは鳴く虫全般に言えることですが、虫は水分が切れるとすぐに死んでしまうので、水分補給は非常に重要です。

ペットボトルの蓋《ふた》にコケをつめて、そのコケに水をふくませれば（コケ水⇩45ページ）、毎日霧吹きをする必要はなくなります。天候により湿度《しつど》が大きく変わるので一概に言えませんが、晴れの日が続いている場合は三日に一回くらいの頻度《ひんど》で水を足せばよいでしょう。湿度が高めの日が続いた時は、それよりも少し長持ちします。ただし、このコケ水は、長期間、連続使用することはできません。コケが劣化しますし、蓋の中も汚れていきますので、定期的に新しいものに交換しましょう。

そのほかの注意点

マツムシはスズムシとは異なりとても跳躍力があるのと、足の裏の構造のちがいによりケースの側面を歩いてよじ登ることができます。このため、餌交換などの世話の際は注意が必要です。油断しているとその強力なジャンプ力で、あっという間に飼育ケースから飛び出して逃げてしまいます。

累代飼育

マツムシは乾燥したススキや笹などをかじって、そこに産卵します。ススキや笹の茎《くき》、稲わらなどを、長さ一〇～一五センチ前後、直径三センチ程度に束ねたものを一定の間隔をあけて底の土にさします（笹の茎は太めのもの）。飼育ケースの大きさや飼育頭数にもよりますが、おおよその目安として、大きめのケースに三～五ペア前後の飼育で、五本程度の産卵床《さんらんしょう》（産卵材）を用意すればよいと思います。農薬を使用した稲わらは、それを食べた幼虫が死んでしまうので使えません。農薬を使っていない稲わらを用意してください。

シーズン終了後、産卵材にかじったあとがあれば、必ずと言っていいほど

稲わらでつくったマツムシの産卵床。これを一定の間隔をあけて土にさす

交尾中のマツムシ

産卵しているので、産卵材は捨てずにそのまま残しておきます。また、産卵材をさしている土の部分にも産卵している場合があるので、土も必ずそのまま残しておきます。土から産卵材を抜き取り、飼育ケースの底の土の上に寝かせ、産卵材の上にビニールをかぶせます。その際注意して見ると、マツムシがかじった穴の中に卵があります。

翌年三月初旬までは霧吹きの必要はまったくありません。三月に入ってからは毎日霧吹きで産卵材を湿《しめ》らせます。乾燥させまいとあまりたくさん湿らすと、卵が窒息死してしまいます。慣れるまでは水加減が難しいかもしれません。

卵は早春までは比較的乾燥に強いのですが、三月ごろからは乾燥に弱くなるので注意が必要です。産卵材に軽く霧吹きをしたあと、また産卵材の山の上から全体をビニールでおおいます。四月下旬にビニールを取り除き、毎日霧吹きしてください。そうすると産卵の翌年の五月下旬から六月にかけて孵化《ふか》します。

自然下では幼虫はしばらくの間、乾燥したススキや笹などを食べて育ちますが、飼育下では生のツユクサや乾燥させたクズの葉とスズムシの餌（粉末）をあたえてください。

累代飼育の様子。中央に若齢幼虫がたくさん見える

COLUMN 1

マツムシのオーケストラはどこへ

今から二〇年ほど前、大阪のとある川の河川敷《かせんじき》でおびただしい数のマツムシが鳴いているのに遭遇《そうぐう》しました。それはものすごい数で、マツムシ以外の鳴く虫の声はほとんど聞こえないほどの迫力で、あたり一面マツムシの大合唱でした。

過去にもマツムシがたくさん鳴いているところは数多く見てきましたが、これほど圧倒《あっとう》される、耳をみはる？ようなマツムシの大合唱ははじめてでした。

じつは虫を捕りに行った時ではなく、ジョギング中に偶然《ぐうぜん》見つけたのです。いつもは河川敷の小道を走っていたのですが、その日はさらに川の流れに近い方へ行って見つけたのです。

そのマツムシの大合唱の美しさに、しばし足をとめ、聞き入りました。

その後、大阪を約六年間離れ、再び戻ってきた時に、またそのマツムシの大合唱を聞きたくなり、その河川敷を訪れたのですが、パラパラといった感じで鳴いているだけでした。どうしても聞きたくて、その後、何年か続けて行ってみたのですが、あの大合唱とはほど遠いものでした。確かにたくさん鳴いていることはまちがいないのですが、あの時とは規模も迫力もちがいます。

河川敷の場合、台風や集中豪雨《ごうう》などで全滅《ぜんめつ》し、回復するのに数年かかるとも言われていますが、このマツムシの件は、はっきりとした理由はわかっていません。

今でも満天の星空の下で美しく鳴くマツムシの大合唱が、私の耳の奥に残っています。

スズムシ

リーン、リーンと鈴を転がすようなとても美しい音色で、古くから日本人に親しまれてきた、日本を代表する鳴く虫です。昭和三〇年代くらいまではいろいろな鳴く虫が売られていたようですが、今ではペットショップやホームセンターなどで販売されているのは、このスズムシくらいではないかと思います。

一年中スズムシが鳴いている京都の鈴虫寺は有名ですが、この寺の正式名称《めいしょう》が妙徳山華厳寺《みょうとくざんけごんじ》だというのを、ご存じない方も多いのではないでしょうか。お寺の名前に影響《えいきょう》をあたえるくらいですから、スズムシが古くから多くの人々に親しまれてきたことがわかります。

スズムシはほかのコオロギ類とくらべて、跳躍力《ちょうやくりょく》もあまりなく、おとなしい感じがして、じょうぶで飼いやすい鳴く虫です。ですから、古くから飼い続けられ、累代飼育もさかんに行われてきました。

体色は、ごくわずかに褐色《かっしょく》を帯びた黒色です。

体長一五〜一八ミリ内外。メスはオスよりやや大きく、長い産卵管を持っています。メスの翅《はね》は多くの場合、産卵後抜け落ちます。オスは体のわりに大きな立派な翅を持ち、翅を立てて一生懸命に鳴く姿には

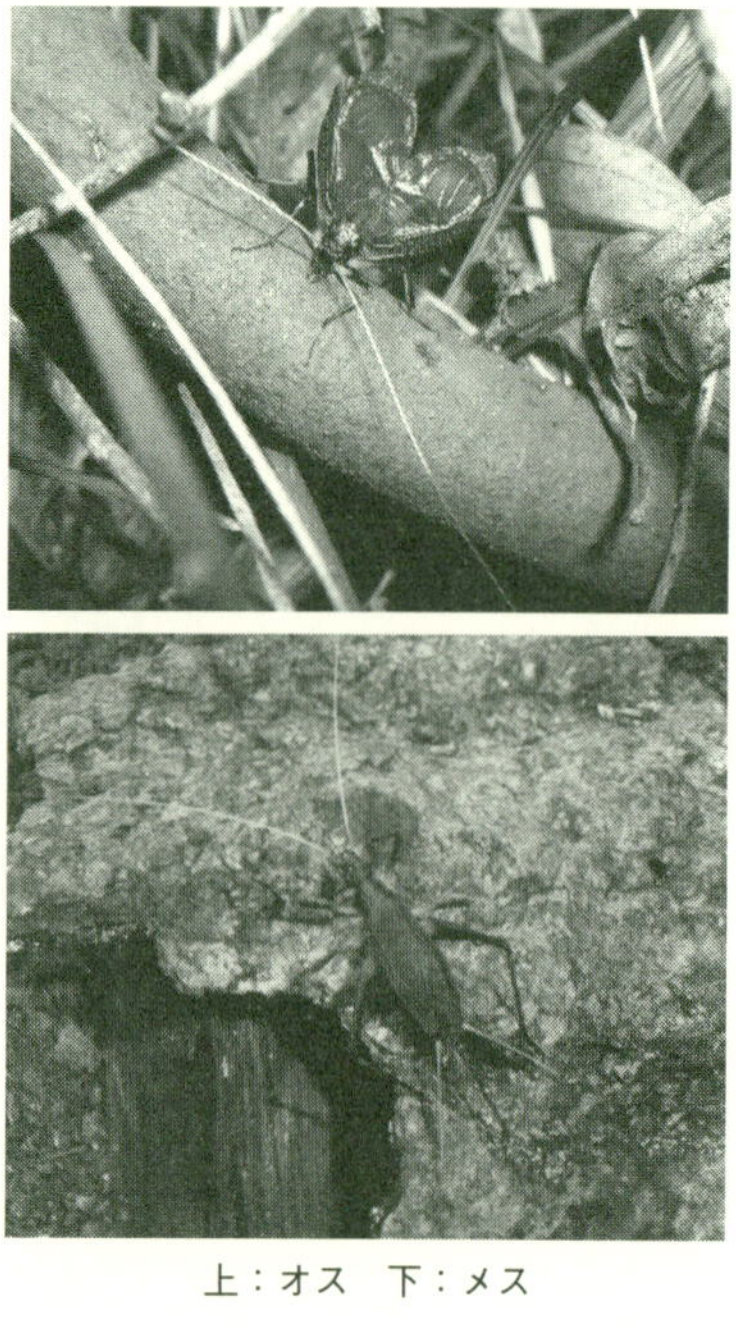

上：オス　下：メス

心打たれます。

成虫の発生時期は八月中旬ごろで、一〇月中旬ごろまで鳴いています。

ほぼ日本全土に分布していて、草むらや疎林《そりん》（ぽつんぽつんとまばらに木が生えている林）、河川敷《かせんじき》の草原などにも生息しています。しかし、最近は数が減少する傾向にあって、郊外の方まで行かないと、その音色を聞くことができなくなってきました。

また、草原ならどこにでもいるというわけではなく、似たような環境なのにまったくいない地域も多いことから、準局地的分布の傾向があると言えます。

【採集方法】

草地での採集方法

初心者にはスズムシを捕るのは意外と難しいと思います。スズムシは地上性で、草むらの草や低木の根もと付近の地上にいて、見つけにくいからです。わかりやすく言えば、草むらの中をもぐって捕らなければいけないからです。

スズムシは夜行性なので、夜間、採集します。ヘッドライトが暗いと、見つけるのが困難なので、電池を新しいものに交換しておきましょう。充電式の場合は、必ずフル充電しておきます。

スズムシを見つけるためには、鳴き声をたよりにできるだけ近づいて行きます。草の根もと周辺や、少しくぼんだところ、倒木《とうぼく》の上などでよく鳴いています。かなり根気がいりますが、鳴き声がする方向に神経を集中して探していると、鳴いているスズムシを発見できると思います。一定の距離を保つと鳴き続けますが、至近距離まで近づくと鳴きやみます。

見つけたらできるだけそっと近づきます。あわてずに、用意しておいたカップや瓶《びん》などで上からかぶせるようにして捕らえます。

じつはスズムシの採集は見つけるまでが大変で、見つけさえすればかなりの確率で捕れると思います。あまり跳躍力がなく、動きも比較的鈍《にぶ》いからです。

メスはオスの近くを探せば見つかります。

林での採集方法

草原よりも林の方が捕りやすいと思います。草が少し生えた疎林をねらうとよいでしょう。藪《やぶ》の中での採集は動くのが困難でとてもやりにくいのですが、林の中だと比較的動きやすくて、スズムシも見つけやすいからです。

林の中でのスズムシの採集のコツは、木の根際近くにいるのを捕らえることです。スズムシのオスは、木の地上三〇センチ前後くらいの高さまで登って鳴いていることが多いので、これをねらいます。また、切り株や横たわっている倒木の上などに登っていることもあります。

鳴き声をたよりにできるだけ近づいて行って、鳴いているスズムシを探します。根気よく探していると発見できると思います。スズムシは危険を感じると鳴きやんで、少し様子を見てから逃《に》げ出すので、次の行動に移る前にカップや瓶などで捕らえます。カップや瓶で上からかぶせてから、蓋《ふた》を下から差し入れるようにして封じこめるのがコツです。

メスの効果的な追い出し採集法

夜間、道ばたにメスが出てくる習性を利用した採集方法です。

メスは産卵目的で地面（土）の露出度の高い道ばたに出てくると考えられます。メスが出てくるのは何度も見ていますが、オスは見たことがありません。

スズムシが棲《す》んでいる草原の端《はし》付近をねらいます。草むらから道の方に追い出すイメージで、足で草を道の方に踏《ふ》みならします。これに驚《おどろ》いたスズムシのメスが、草むらから道の方に飛び出してくるので、これをカップや瓶などで上からかぶせるようにして捕ります。

また、最初からスズムシのメスが道ばたに出ていることもあるので、見逃《みのが》さないようにしましょう。

この捕り方はもっぱら体力勝負で、根気はあまり必要ではありませんが、オスはほとんど捕れないと思います。

【飼い方】

飼育環境

スズムシはややうす暗いところを好み、また、直接の風を嫌《きら》う傾向にあるので、この二点に配慮して飼育環境をセットします。昔は甕《かめ》で飼育していたことが知られていますが、理にかなった飼育容器だと思います。ただ、甕《かめ》の場合は観察しにくいという難点があります。

飼育ケースの底に、目の細かい赤玉土《あかだまつち》を三～五センチ前後入れます。ピートモス（ミズゴケ類やヨシ、スゲなどの植物が堆積し腐植《ふしょく》化した泥炭《でいたん》を、脱水し、粉砕《ふんさい》したもの）でもかまいません。これらは園芸店やホームセンターなどで販売しています。また、ペットショップなどで販売している、スズムシ用の土でもいいでしょう。

土やピートモスを飼育ケースの中に入れたら、その上に炭や止まり木、木片などを入れます。止まり木はオスが登って

スズムシの飼育環境のセット

鳴くところで、木の枝でも丸太状の木でもいいでしょう。木片はオス・メスともに下に隠《かく》れるためのもので、こぶし大の少し大きめ（一〇センチ前後）のものを入れてください。炭は、消臭効果もあり、止まり木にもなります。少し大きめの木片や止まり木は隠れ家になるように少し多めに入れてください。スズムシには隠れ家が必須です。昼間はこれらの下に隠れて過ごし、夜、出てきたオスはこの上にとまって鳴きます。

餌

餌は、キュウリ、ナスなどのほか、野菜類なら何でも食べます。

動物質の餌として、煮干《にぼ》しや削《けず》り節《ぶし》などを必ずあたえるようにします。市販のスズムシの餌（粉末）でもかまいません。もちろん栄養面でも必要ですが、動物質の餌がないとどうしても共食いが始まります。

水分補給にはコケ水（⇩45ページ）を入れてもよいでしょう。野菜類をあたえている場合は、野菜から水分を補給できるため、コケ水などは不要です。

累代飼育

オス・メスをペアで飼育すると、土やピートモスに卵を産むので、シーズン終了後、死骸《しがい》やゴミなどを取り除いて、氷点下などあまり極端《きょくたん》に気温が下がらない場所で、翌年春まで管理します。

冬の間は、卵は乾燥《かんそう》に強いので、霧吹《きりふ》きや水やりは不要です。土やピートモスが乾燥してカラカラになっても問題ありません。卵は三月くらいからは乾燥に弱くなるので、毎日水やりを行います。これを忘れると失敗します。ケースの底の四隅《よすみ》に穴（五ミリ程度）をあけてある場合は、ジョウロで思いきり水やりができます。土がこぼれないようにするためと、排水しやすくするために、網戸用ネット（五センチ角程度）を穴の上に敷くとよいでしょう。

軽く霧吹きするだけでは土の表面しか湿《しめ》らせることができません。穴をあけていない飼育ケースで霧吹きをする場合は、割り箸《ばし》などで、卵を傷つけないように注意しながら、ゆっくりと土に数カ所穴をあけて、下の方まで湿るようにたっぷりと霧吹きをします。また、土だけに霧吹きするのではなく、ケースの側面に向けても霧吹きをします。こうすれば水分がケースの側面から下の方に流れ落ちるので、ケース四面の土の端から水分を少し入れることができます。

このように管理していくと、五～六月ごろに孵化《ふか》し、幼虫が生まれます。生まれたら、削り節、スズムシの餌（粉末）、野鳥飼育用のすり餌（四～五分）（⇩48ページ）などをあたえます。ある程度大きく育ったら（三齢《さんれい》くらい）、野菜類をあたえればよいでしょう。

中央は最後の脱皮をした直後のスズムシ。上は脱皮したあとの抜け殻

また孵化してからも、土が乾燥しないように、時々霧吹きをしてください。

スズムシは脱皮を六〜七回繰り返します。鳴く虫は六回ほど脱皮して成虫になりますが、孵化したあと一回目の脱皮までを一齢（初齢）、その後、脱皮ごとに二齢、三齢と言い、成虫になる前の幼虫を終齢と呼びます。

止まり木などにつかまって脱皮しますが、経木《きょうぎ》と呼ばれるうすい板を入れてあげてもよいでしょう。

七月中旬〜下旬ごろにかけて成虫になり、オスが鳴き始めたら産卵の準備の時期です。糞《ふん》や食べかすなどで汚《よご》れた土はカビや雑菌《ざっきん》が発生している可能性があるので、新しい土を入れた飼育ケースを準備して引っ越しさせます。産卵したあとは土を交換できなくなるので、早目に行いましょう。

カンタン

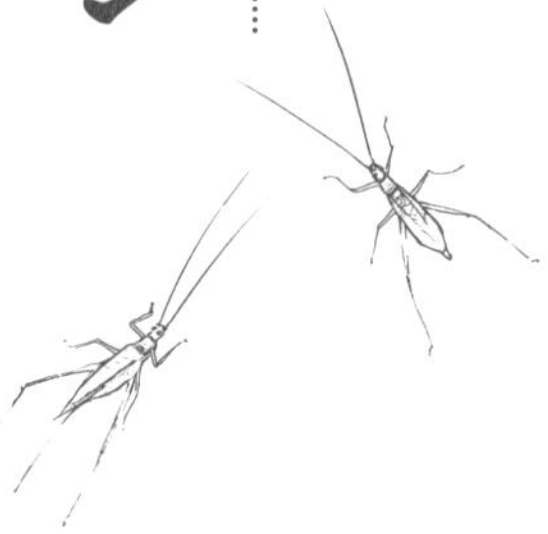

北海道、本州、四国、九州に分布しており、市街地に近い郊外の草地にもふつうに生息しています。開けた草原などより、林縁《りんえん》部周辺の草地などに多く、特にクズ原に多く生息しています。体長一四〜一六ミリ前後で半透明《はんとうめい》の翅《はね》をもち、繊細な感じがしますが、見かけによらず意外にも肉食で、アリマキ（アブラムシ）を捕って食べます。

体全体が少しうすい緑色がかった色ですが、中にはかなり褐色《かっしょく》に近い個体もいて、個体差があります。

八月上旬から一〇月上旬ごろにかけて鳴きます。夜行性ですが、一〇月ごろに気温が下がってくると、昼間でも鳴きます。不思議なのは、八月ごろの夜間に鳴いている時よりも、一〇月ごろの昼間に鳴いている時の方が、どこか寂《さび》しげに聞こえることです。体の大きさのわりには、よく通る声で、ルルルル……と連続的に鳴き、とても美しい音色です。

清楚《せいそ》な姿と相まって、鳴く虫の女王と呼ばれ、古くから愛好家の間で珍重《ちんちょう》されてきました。漢字は、栄枯盛衰《えいこせいすい》のはかなさをたとえる「邯鄲《かんたん》の夢」の「邯鄲」と同じです。音色の美しさといい、気品ある姿といい、大変魅力《みりょく》的な鳴く虫です。

上：オス　下：メス

#【採集方法】

夜間の採集方法

カンタンはクズやヨモギなどが自生する草原に生息しています。クズ原が一番採集しやすいでしょう。クズの葉の穴があいた部分から、体を半分出して鳴いていたりすることがよくあり、ヘッドライトで探せば発見できるので、見つけたら網に追いこんで捕ります。中には逃《に》げる個体もいますが、ヘッドライトを照らしてもわりと平気で鳴いています。

ただし、初心者は夜間の採集は困難でしょう。経験を積めば捕れるようになりますが、昼間の採集の方が比較的簡単です。

昼間の採集方法

カンタンって、名前はカンタンだけど捕るのは簡単ではないのでしょう?とよく聞かれますが、鳴く虫の中では比較的楽に採集できる方だと思います。

一番捕りやすい方法は、クズ原でビーティングを行うことです。ヨモギよりもクズをねらいます。

同じようなクズ原でも、生息しているところといないところがあります。周囲に日光をさえぎるものがまったくないところより、山陰《やまかげ》になるなどで、一日のうち数時間日が当たらないようなクズ原の方がたくさんいるようです。夜間、鳴き声のしているクズ原でねらいましょう。

また、カンタンが生息しているクズ原の中でも、よくいる場所とあまりいない場所があります。クズの葉の隙間《すきま》が多いところよりも、葉がよく茂《しげ》ってぎっしりと多いところのほうがたくさんいると思います。クズの葉がよく茂ったところに網を差しこみ、その上のクズの葉を棒や布団たたきなどでたたきます。たいてい一頭が網に入りますが、一度に二~三頭捕れることもあります。この方法のよいところは、メスもオスも同時に捕れることです。

注意点

網に入ったカンタンは、上の方へ歩いてよじ登ってくるので、網に入ったらすぐに網の上部を手でしぼって、逃げられないようにします。万が一逃げられた場合でも、すぐに捕りやすいように道や空き地などまで網を持っていき、用意しておいた虫かごや飼育ケースなどに入れます。マツムシよりもひと回り小さいので、手づかみで移すのはほとんど不可能です。

跳躍力《ちょうやくりょく》はあまり強くありませんが、飛翔《ひしょう》して逃げることもあるので注意が必要です。ここがほかの鳴く虫とちがう点です。せっかく捕ったのに逃げられないようにしてください。

幼虫の採集方法

地域によって多少前後しますが、七月中旬ごろ~下旬に幼虫を採集します。

幼虫は成虫よりも動きが多少鈍《にぶ》いうえ、このころは多くがまだ低いところにいるので、比較的簡単に捕ることができるでしょう。カンタンは成長するにしたがって、徐々に高いところに移動して行くので、だんだん捕るのが難しくなります。ですから、初心者には幼虫の採集をおすすめします。幼虫から育て上げて鳴き声を楽しむのも、とても面白いものです。

捕る量に注意して、捕りすぎたカンタンは逃がしてあげてください。

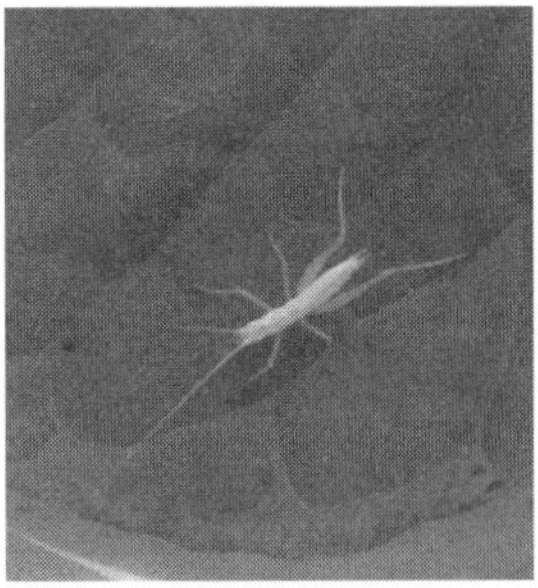

カンタンの幼虫。約１センチ

【飼い方】

飼育環境

飼育ケース自体の密閉性が高いとカンタンはまったく鳴かないので、まちがっても蓋《ふた》にわずかな隙間しかない容器で飼ってはいけません。クワガタムシ用などのコバエの侵入防止が施された容器は、カンタンの飼育には不向きです。かといって、蓋の隙間が大きいとカンタンが脱走してしまうので、注意が必要です。ちなみに幼虫から飼育する場合、ふつうの飼育ケースの蓋では逃げてしまうので、ケースと蓋の間にコバエよけシートや布きれなどをはさむといいでしょう。

累代飼育の場合は、大きめの飼育ケースに土を入れ、ヨモギを植えこみましょう。

鳴き声の観賞がおもな目的の場合は、土などは必要ありません。それはカンタンが樹上性だからです。ケースの底にクズなどの葉を敷《し》いて、瓶《びん》やカップなどに水を入れ、そこにヨモギやクズの葉をさしてやるだけでいいのですが、ヨモギが枯《か》れやすいのが欠点です。

また、下に新聞紙などを敷くのはよくありません。樹上性の鳴く虫類を飼育する際に、よく新聞紙などを飼育ケースの底に敷きますが、カンタンの場合は、新聞紙の裏側に入りこんで死ぬことが多いのです。まだ調査中ですが、カンタンが隙間に入りこむ性質があることと何か関係しているのかもしれません。

餌

餌はアリマキ（アブラムシ）をあたえてください。カンタンは、姿は優しいのですが、肉食寄りで野生ではおもにアリマキを食べています。私はプランターでヨモギを育て、そこに採集してきたアリマキを移してふやし、あたえています。アリマキが手に入らなければ、代用として、野鳥の飼育用のすり餌とハチミツを練《ね》ったものをあたえればよいでしょう。すり餌には種類がありますが（⇩48ページ）、カンタンには五〜六分餌が適しています。肉食のため、入手が可能であれば六分餌の方がいいでしょう。土佐餌は上餌（穀物質）だけで作られているため、カンタンにはどちらかと言うと不向きです。

餌は、飼育ケースのやや上の方に板などを渡して、その上に置くといいでしょう。カンタンは樹上性のため、下に餌を置いても意味がありません。

また、クズやヨモギの葉を食べるので、これらの植物質の餌も大切です。二日に一回程度、新鮮《しんせん》な葉と交換してください。ただし、乾燥したクズの葉も食べるので、少し残しておくとよいでしょう。あとでお話しする累代飼育のヨモギの植えこみは、産卵床《さんらんしょう》として、また餌としての役割があるので、まさに一石二鳥です。カンタンは食が細いので一見わかりにくいのですが、よく観察すると、食べたあとの小さな穴が葉にたくさんあいているのがわかります。

累代飼育

大きめの飼育ケースに土を入れ、ヨモギを植えこみます。ヨモギを枯らさないように時々ジョウロで水をかけるので、ケースの四隅《よすみ》に排水《はいすい》のための五ミリ程度の穴をあけておきます。そうすると思いきり水がやれます。四隅の穴の上に五センチ角程度の網戸用ネットを敷き、ゴロ土を入れて、その上に赤玉土《あかだまつち》などを入れるとよいでしょう。

ヨモギは成長して伸びてくるので、そのつど上の方を刈《か》りこみます。カンタンはヨモギに産卵しますが、枯れたヨモギには産卵しないので枯らさないように注意します。

同時にクズの葉も数枚程度入れます。これは、カンタンを落ち着かせる効果もあります。カンタンは昼間、クズの葉が枯れて乾燥して丸まってできた端《はし》の部分の隙間に入って隠《かく》れています。

やがて交尾《こうび》をすませたメスは、ヨモギの茎《くき》をかじって、そこに産卵します。晩秋から初冬にかけてヨモギは枯れてきますが、かじった跡《あと》があったら産卵しているので、枯れても捨てずにそのままにしておきます。飼育途中《とちゅう》で枯れて交換してぬいたヨモギも、念のため捨てずにとっておいた方がよいと思います。

シーズン終了後は、飼育ケース内の死骸《しがい》やゴミなどを取り除いて、交換してぬいたヨモギがあれば、ケースの中に傾斜させて置きます。直射日光が当たらないところに飼育ケースを置いて、土の乾燥《かんそう》を目安に三日に一回程度、霧吹《きりふ》きをして湿《しめ》らせます。うまくいけば翌年五月下旬ごろから六月上旬ごろにかけて孵化《ふか》してきます。

幼虫には、すり餌（できれば五～六分。なければ四分でも可）とハチミツを練ったものをあたえるとよいでしょう。また、アリマキ（アブラムシ）が入手可能であれば、あたえればなおよいと思います。

カンタンの成長は早く、一カ月ほどで成虫になります。

ただし、カンタンはスズムシにくらべると累代飼育は難しいと思います。

【カンタンの鳴かせ方】

カワラスズやキンヒバリなどは、捕った帰りの自動車の中で鳴きだしたりしますが、カンタンはすぐには鳴きません。それどころか、飼い方をまちがえるとほとんど鳴かなくなります。カンタンを鳴かせるには少しコツがいります。

カンタンはほかの鳴く虫にくらべると、少し神経質で臆病《おくびょう》です。状況によっては、飼い始めてから五～七日後くらいにならないと鳴かないので、少し気長に様子を見ながら飼育します。環境が変わって警戒《けいかい》しているのだと思いますが、鳴くようになってからでも、鳴いている時に大きな物音がすると鳴きやんでしまいます。

カンタンを鳴かせるためには、
① オスを単独飼育する
② 風通しをよくする
③ 隠れ場所を作る
この三点がポイントです。特に①と②が大切です。

カンタンのオスを複数頭一緒に飼うと鳴かなくなります。

オス一頭とメス複数頭を一緒に飼っても問題なく鳴きますが、オスは必ず一頭にしてください。オス複数頭を一緒に飼育した場合、時々ごく短く鳴くことがありますが、その鳴きは本来のカンタンの鳴きではありません。それはおそらく牽制《けんせい》鳴きだと思います。

風通しの悪い場所に飼育ケースを置くのもよくありません。

私は一〇〇円ショップで売っている、スルメや小魚を干すような、吊り網かごの中にクズの葉を入れて飼っていますが、この飼い方でも、よく鳴くと思います。

隠れ場所を作ってやることも重要です。

カンタンはクズの葉のシワになったところに、まるで忍者のように触角と脚を全部伸ばして伏せるように隠れています。ですから、枯れたクズの葉は全部捨てずに少し残しておき、新しいクズの葉を加えるようにしましょう。隠れ場所を作ってやるとカンタンは落ち着くので、クズの葉は多めに入れてやります。

クサヒバリ

本州、四国、九州、南西諸島に分布。郊外の草地にふつうにいて、市街地の人家の生《い》け垣《がき》などにも棲《す》んでいることがあります。

淡褐色《たんかっしょく》で、八月から一〇月にかけて発生する、体長七～九ミリ前後の小さな鳴く虫です。フィリリリ……と美しい音色で、小さい体のわりに、よく通るきれいな声で鳴き、古くから俳句や和歌などにも登場しているくらい人気があります。おもに昼間鳴きますが、発生間もないころは夜間から朝方にかけて鳴きます。朝方まで鳴いているので、別名「アサスズ」と呼ばれることもあります。

身近に生息していて非常に人気がありますが、採集は意外と難しく、かなり場数を踏《ふ》まないと困難です。

クサヒバリは、林縁《りんえん》部のソデ群落からマント群落にかけての低木や草の茂《しげ》みなどにふつうにいるので、居場所を見つけるのは比較的簡単です。なぜ捕るのが難しいかと言うと、ポイントの状況に大きく左右されるからです。すべての鳴く虫に言えることですが、捕りにくいポイントと、捕りやすいポイントがあり、特にクサヒバリの場合、その差が大きいのです。私も、クサヒバリがたくさんいても捕るのが難しいと判断したら、すぐにそこでの採集はあきらめます。さっさと別の捕りやすいポイントを探したほうが効率的

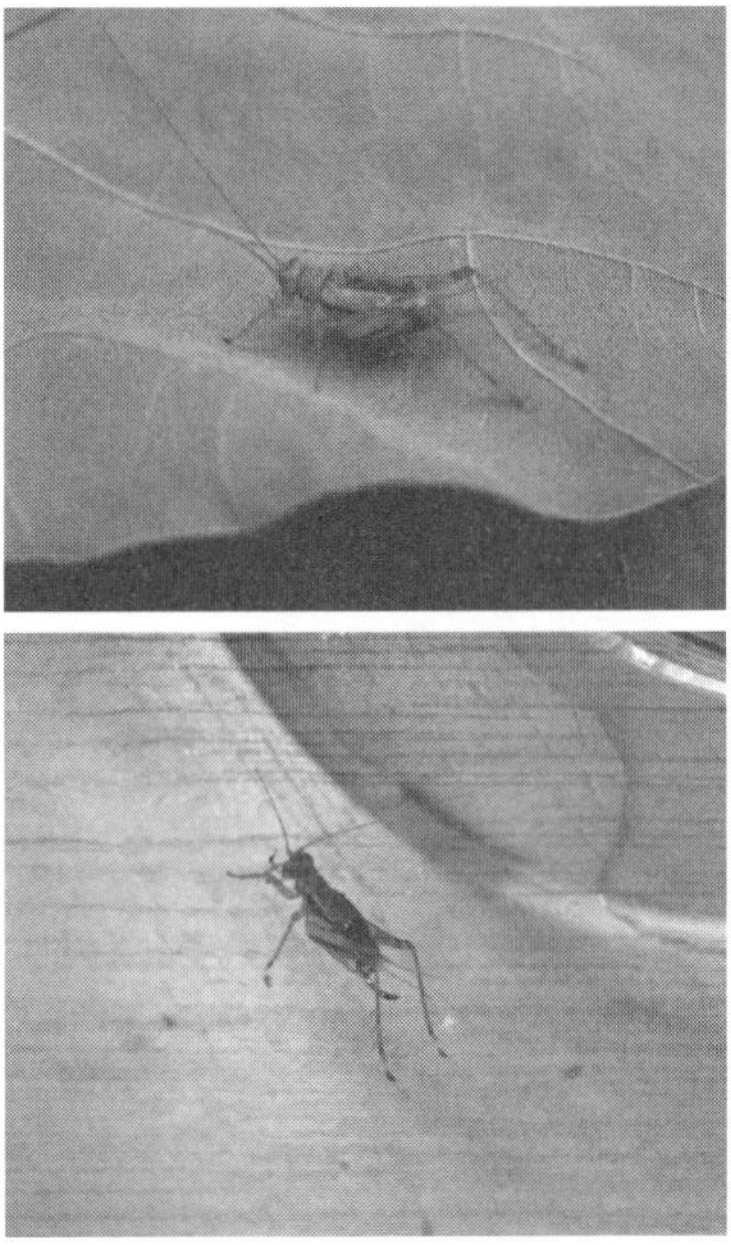

上：オス　下：メス

だからです。次の採集方法でくわしく述べていきたいと思います。

【採集方法】

ビーティング採集法

クサヒバリは夜間の採集は難しいので、昼間採集します。

灌木《かんぼく》林などの林縁部の笹原、クズ原など、やや背丈《せたけ》の高い草地や、マサキ、ツバキ、チャノキなどの灌木林に生息しています。

草と木の両方にいますが、樹木の場合は低木に多く、あまり高い木にはいないと思います。また、丈の低い草原や広い草原にはあまり棲んでいません。

クサヒバリは幼虫の時は地上付近の比較的低いところにいますが、地上付近はだんだん外敵が多くなって

クサヒバリは、林縁部のソデ群落からマント群落にかけての低木や草の茂みなどにいる

くるので、成長するにつれて徐々に高いところに移動して行きます。ですから終齢《しゅうれい》幼虫などを採集する時は、地上近くをねらいます。ちなみに、鳴く虫は六回くらい脱皮して成虫になりますが、成虫の一つ前を終齢幼虫と言います。

成虫になると低いところから高いところにかけていています。鳴いているのを発見するのは困難をきわめますが、鳴き声をたよりにできるだけ近づき、網を鳴き声のする近くの草の茂みに差しこみ、その上から棒でたたくと網に入るでしょう。ビーティングをすると、同時にカネタタキも網に入ることがあるので、カネタタキも飼育する場合は正に一石二鳥です。目的外の場合はすぐに逃《に》がしてあげましょう。

クサヒバリは跳躍力《ちょうやくりょく》があるので、どんどん網の上部に登ってきて、最後はジャンプして逃げます。ですから網に入ったらすぐに手で網の上部をギュッとしぼりこむようにしてつかんで、逃げられないようにしてから近くの道か空き地などに移動して、再び網をあけて素早く瓶《びん》やカップなどをかぶせて捕ります。

わざわざ道や空き地に移動するのは、とても小さな昆虫なので、草地で逃げられたら一瞬《いっしゅん》で行方がわからなくなり、再び採集することはほぼできないからです。少々開けた場所であれば、万が一逃げられても、うまくいけば再度採集できる可能性があります。

また、クサヒバリは小さいので、ふつうの飼育ケースや目の粗《あら》い虫かごだと蓋《ふた》やかごの隙間《すきま》から逃げてしまいます。必ず目の細かい容器か、飼育ケースを使う場合は、ケースと蓋の間にコバエよけシートやうすい布などをはさんでください。

クサヒバリは小さくて非常にすばしっこい昆虫ですから、網に入ってからも細心の注意が必要です。網の中に入った時点ではまだ捕れたとは言えません。準備していた容器の中に入れてはじめて、採集できたと言えるということを肝《きも》に銘《めい》じてください。

笹藪《ささやぶ》の中の常緑広葉樹の低木での採集法

ルッキング・カップ・ビーティング採集法で捕ります。

林縁部の背の高い笹の中に生えている、常緑広葉樹の低木があれば有望です。クサヒバリはこのような環境を好む傾向があります。

この笹藪の中の常緑広葉樹にひそんでいるクサヒバリを捕るのですが、まず木をよく観察して、クサヒバリを見つけてカップで採集し、この方法での採集を終えたあと、最後の手段および仕上げとしてビーティングを行います。

まず、笹藪の中の常緑低木をよく観察します。常緑低木の前に立って、自分の目線付近と、そこから下の部分をねらいます（目線より上の部分は、最後のビーティングで捕ります）。立っていると、クサヒバリはなかなか出てきてくれないので、腰を下ろして観察します。じっと観察していると、異変を感じたクサヒバリが、葉の裏からひょっこりと表側に出てきます。そこを素早くカップや瓶など

笹藪の中の低木の常緑広葉樹。クサヒバリが好む環境だ

で捕ります。少し忍耐力が必要ですが、一頭捕れれば次々と数頭捕れると思います。

そして、この方法でほぼ捕りつくしたあと、常緑低木の下の方からビーティングを行い、最後に樹冠《じゅかん》部をビーティングします。一番上の付近が最も捕れると思うので、念入りに行ってください。逆に言うと、樹冠部より下は、カップ採集法を行ったあとなので、あまり期待はできません。あくまでも、念のために行うという認識でよいと思います。

ここでは蜂《はち》に注意が必要です。アシナガバチの仲間は、よく笹藪などに巣を作ります。蜂が一頭ではなく数頭飛び出したら、そこには巣があります。危険ですからそこでの採集は中止してください。アシナガバチは巣から半径一〇メートルほども離れれば、もうだいじょうぶだと思います。

花壇のハランにいるクサヒバリの採集法

公園などでよく見られる花壇は、場合によってはクサヒバリの絶好の採集ポイントになります。植えられている植物に大き

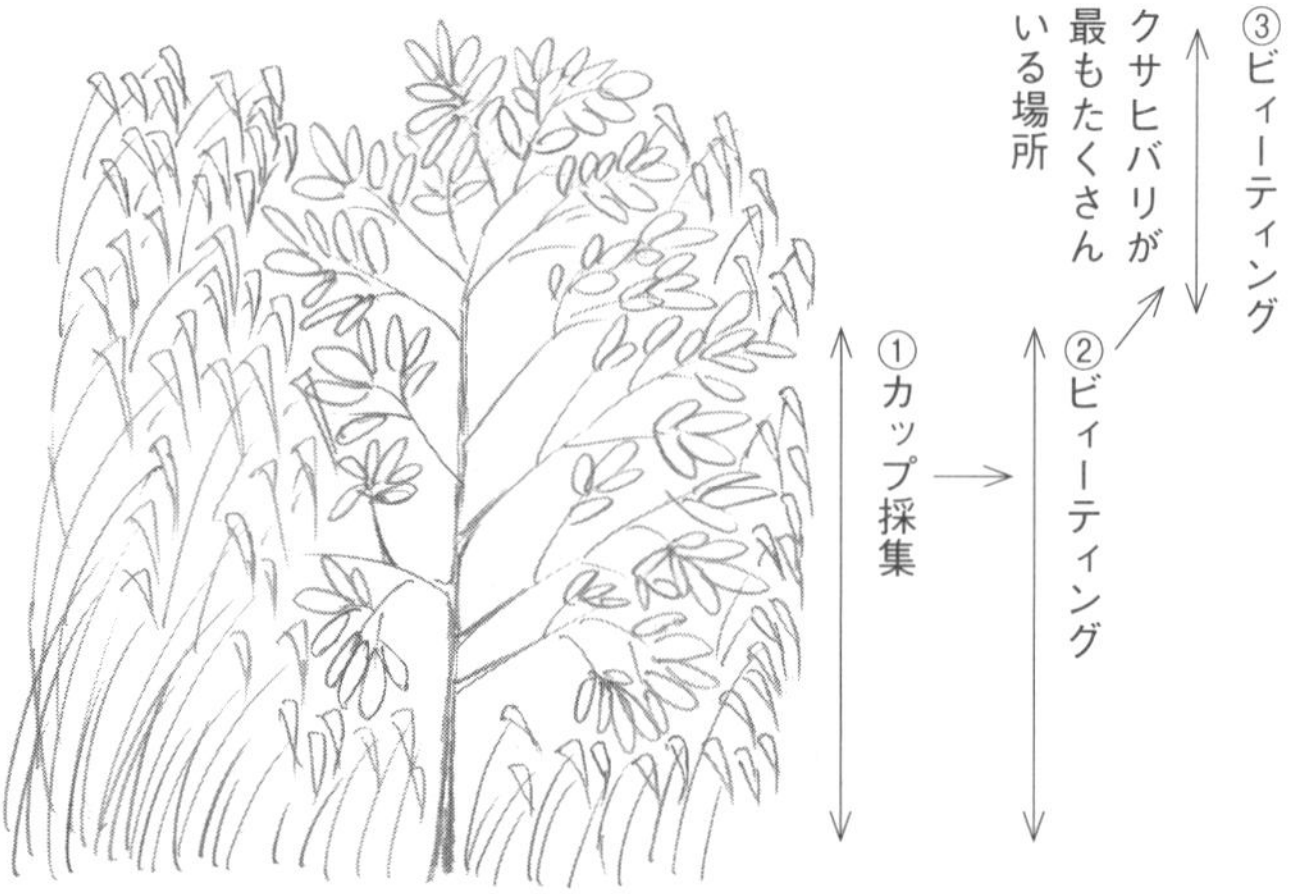

まずカップ採集法を行い、その後ビィーティングで採集する

く左右されますが、近くにクズ原があるような花壇にハランが植えられていればクサヒバリがいる可能性があります。ハランは園芸植物として広く利用されています。

ハランの葉の上にたくさんクサヒバリがいると思います。ハランの葉は上にむかって生えているので、葉の上というよりも、葉の横と言ったほうがよいでしょうか。ハランの葉にいるクサヒバリは、ビーティングで比較的簡単に捕らえられます。クサヒバリを発見したら、すぐに網をそばにつけてハランの葉をたたきます（ルッキング・カップ・ビーティング採集法）。

また、ビーティング中に、振動や物音などで異変に気づいたクサヒバリが、ハランの葉の裏からひょっこりと現れることもあるので、葉をたたきながら常に周りを注意して見ていてください。オスを一頭見つけてたたくと、メスが一緒に捕れたり、オスが二頭捕れたりすることもあります。

ただし、このような恵まれた環境はあまり多くありません。

公園などに植わっているハラン

草地の中の岩場での採集法

草地の中に比較的大きな岩を見つけたら、とても捕りやすい絶好のポイントになります。大人が両手で抱えきれないほどの、とても大きな岩です。小さな岩にはいません。草地の中の岩場なので外からはまったく見えず、発見するのは非常に困難です。

クサヒバリはこのような大きな岩の上にいることがあるので、見つけたら素早くカップや瓶などをかぶせて捕ります。私はこの方法で、約一時間半ほどで二〇頭以上も捕ったことがあります。

このような岩場は、捕っても捕っても、周りの草から次々と移ってくるので、数日間捕り続けることができると思います。ただし、このような恵まれたポイントは多くはありません。

これは余談ですが、カワラスズを採集しに、とある河原に行った時、河原の石の上にクサヒバリがいて捕ったことがあります。最初はオスを、次にメスを、一ペア合計二頭を採集しました。確かに川の岸辺付近の低木でたくさんのクサヒバリが鳴いているのはわかっていましたが、まさか河原の石コロの上にクサヒバリがいるとは、想定外でした。

【飼い方】

飼育環境

クサヒバリは体長八ミリ前後の小さな昆虫なので、ふつうの飼育ケースだと蓋の隙間から逃げ出す可能性があります。コバエよけシートや布などをケースと蓋の間にはさんでください。

樹上性ため、土は特に必要ありません。飼育ケースに新聞紙を敷《し》いて、クズの葉を入れればよいでしょう。クズの葉は餌ではないので、交換する必要はありません。

世話をする際、逃げられないように細心の注意が必要です。世話は、家具や物などがあまり置かれていない部屋で行いましょう。物がたくさんある部屋で逃げられると、一瞬で行方不明になります。

餌

動物質の餌を必ずあたえます。煮干《にぼ》し、削《けず》り節《ぶし》、スズムシの餌（粉末）などがよいでしょう。クサヒバリは小さいわりに、意外と共食いをします。これを少しでも防ぐためにも動物質の餌をあたえることが大切です。

キュウリやナスなどの野菜類もよく食べますが、コケ水（⇩45ページ）があれば、これから水分をとるので、特に野菜類はあたえなくてだいじょうぶです。

最も注意すべきなのは水切れです。クサヒバリはとても小さな虫なので、水を切らすとすぐに死んでしまいます。水分を切らさないように十分注意してください。

また、マサキ、アオキ、チャノキなどの小さな鉢植えを飼育ケースに入れると、クサヒバリが落ち着きます。うまくいけば、これらの木に産卵するかもしれません。ただ、クサヒバリの累代飼育は比較的難しいので初心者は自然採集を楽しんだ方がよいと思います。また、天然ものの方が鳴きがよい傾向にあることも見すごせません。

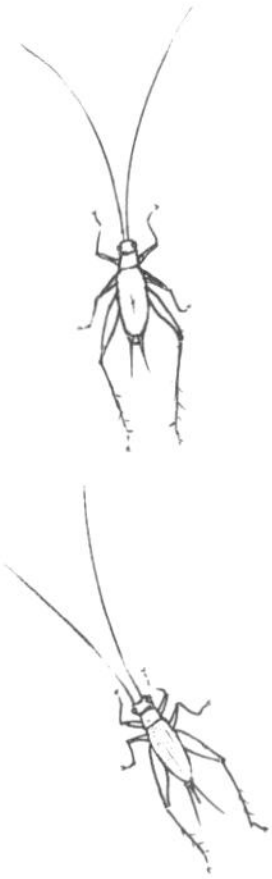

キンヒバリ

本州、四国、九州、南西諸島などに分布しています。

半日陰《はんひかげ》の小川や沼などの草や、休耕田など湿地《しっち》に生息する、体長六～七ミリの小さな鳴く虫です。

体色は黄金色を思わせる褐色《かっしょく》で、オスは特にきれいで日が当たると黄金色に輝《かが》きます。メスはオスよりも金色の光沢《こうたく》は落ち、やや地味な感じです。また、メスは翅《はね》が退化していますが、まれに翅のある長《ちょう》翅《し》型がいます。

上：オス　下：メス

声は美声でリッリリッリリッリーという感じで鳴きます。このほかにもジキジキジキ……と少し濁《にご》って鳴いたり、チッリーと高音で鳴いたりと、いろいろな音色が楽しめます。これほど多彩な音色を楽しめるのはキンヒバリくらいではないでしょうか。

私は日本の鳴く虫の中で、三銘虫《さんめいちゅう》はスズムシ、マツムシ、カンタンだと思いますが、四銘虫となると、キンヒバリかクサヒバリかカワラスズあたりを入れたいところです。

キンヒバリは幼虫で越冬しますが、成虫で越冬する個体もいます。この越冬個体が早ければ二月下旬から鳴きだします。これはかなり暖かい日にかぎられますが、三月に入るとあちこちで鳴き声が聞こえてくるようになります。そして本格的には六月初旬から新成虫がたくさん鳴きだします。早い時期は一頭で鳴いていることが多く、この時期は気温も低いので、ゆっくりと、リッリッリッリーと鳴いています。この、たった一頭で鳴くのがとても哀愁《あいしゅう》に満ちていてよいのです。

小型種のわりにじょうぶで比較的飼いやすいのですが、飼育方法によって鳴き方が変わってきます。飼い方の項目でくわしくお話しします。

【採集方法】

キンヒバリは湿地や沼、小川の草に生息しているので、夜間は危険がともない採集が困難です。昼間、採集しましょう。湿地や川の中に入って採集するため、長靴をはいてください。湿地に限らず、昆虫採集の時は必ず長靴をはきましょう。マムシ、ヤマカガシなどの蛇《へび》や、刈《か》り取られた鋭利な草などの危険から身を守るためです。蛇は獲物を食べたあと、必ず水を飲みに水辺に来るので注意が必要です。私は今まで何度もマムシに遭遇《そうぐう》しています。ですから、子どもはキンヒバリの採集はやめてください。

採集方法は、ビーティングを用います。スウィーピングでも採集可能ですが、ビーティングの方が捕りやすく、効率がよいと思います。ビーティングを終えたあとで、最後の仕上げとしてスウィーピングをする方がよいでしょう。

キンヒバリは小さくて見つけにくいかもしれませんが、鳴き声で生息を確認できます。おもに夜間の方がよく鳴きますが、昼間でも時々鳴くので、十分見つけることができると思います。特に曇りの日には昼間でもよく鳴きます。

鳴いているところにできるだけ近づきます。夜間とちがい昼間の鳴きは単発で終わることが多いので、すぐ鳴きやんでもあきらめず、その方向に少しでも近づき、次に鳴くのを待ちます。これを繰り返し、どんどん近づいて行き、ここと思うところに網を入れ、その上から棒などでたたきます。するとキンヒバリが網に入ると思います。時には一度に数頭捕れることもあります。長翅型のメスが捕れれば嬉しさもひとしおです。

五月下旬ごろはまだ幼虫がほとんどで、ドクダミやミゾソバなどの低い草にいることが多く、完全な日陰よりも、半日陰のようなところに多いと思います。この時期は草の成長が早く、キンヒバリが成長するにつれ、周りの草もどんどん高くなってきます。キンヒバリはやがてガマやショウブなど、背の高い草に移って行きます。ただし、背の高い草に移っても、地上六〇

キンヒバリは、湿地や沼、小川などに生息している。右側に生えているのがミゾソバ

センチ以下のところにいることが多いので、この部分をねらいます。

七月中旬までは数が多いのですが、その後少しずつ減少傾向になり、八月に入るとめっきり数が減ります。しかし飼育下では、うまく飼えば秋ごろまで楽しめ、鳴く虫の中でもじょうぶで長生きする方の種類と言えると思います。

キンヒバリの幼虫。6ミリ

【飼い方】

飼育環境

キンヒバリは体長七ミリほどのとても小さな昆虫なので、飼育ケースの蓋《ふた》の隙間《すきま》から逃《に》げられないように、コバエよけシートなどをケースと蓋の間にはさむ必要があります。

地面ではなく草の上に生息しているので、土は特に必要ありません。これは草上性、樹上性の種に共通して言えることです。容器の底に新聞紙などを敷《し》き、その上に、水を入れた瓶にさしたクズやツユクサなどの葉を入れます。餌ではないので、交換の必要はありません。

餌

餌は、キュウリ、ナスなど野菜類は何でも食べます。動物質の餌として、煮干《にぼ》し、削《けず》り節《ぶし》、市販のスズムシの餌（粉末）をあたえてください。キンヒバリは小さいけれども共食いをするので、少しでもそれを防ぐために、動物質の餌は必須です。もし死んでしまったら、死骸《しがい》はすぐに取り除いてください。死骸を食べてしまうと、共食いの癖がつく恐れがあります。

水切れには注意しましょう。キンヒバリは大変小さいうえ、湿地に生息していることから、湿気に依存する傾向があります。ですから、水を切らすとすぐに死んでしまいます。野菜類をあたえている場合は野菜から水分を摂取するので特に水は必要ありませんが、野菜類をあたえていない場合はコケ水（⇩45ページ）をセットしてください。霧吹《きりふ》きでもかまいませんが、コケ水は二〜三日は持つので、世話が楽です。

【キンヒバリの鳴きについて】

① 本鳴き　リッリリッリリッリー
② 誘い鳴き　ジキジキジキ……と始まり、リッリーとしめる
③ 牽制・威嚇《いかく》鳴き　チッリーと高音で単発

本鳴きを楽しみたい場合は、オスを単独飼育します。単独だとこの鳴きが中心になり、キンヒバリ本来の、ゆったりとした鳴きが楽しめます。オス複数頭を一緒に飼育したり、メスを一緒に飼育すると、②③の鳴きが楽しめます。

COLUMN 2

キンヒバリの不思議

私の家の近所の草むらで、毎年早春に鳴くキンヒバリがいます。早い年では二月に、遅《おそ》くても三月には鳴き始めます。

不思議なのは、なぜか毎年たった一頭で鳴き始めることです。しばらくの間たった一頭で鳴いていて、やがてもう一頭、そしてまたもう一頭としだいにふえていき、一カ月後には三頭前後の合唱となっていきます。

例えばオオクワガタのように数年生きる昆虫なら、また今年もこのクヌギの洞《ほら》の中に入っているというようにわかるのですが、キンヒバリの寿命は数カ月です。なのに、決まったように毎年早春にたった一頭で、ほぼ同じ場所で鳴くのです。

三月ごろはまだ気温も低いので、それは本当にゆっくりと、リッリッリッリーと鳴いています。この初鳴きを聞くとうららかな春が来たと実感するのですが、この時期のキンヒバリの鳴き声はどこか神秘的にさえ感じます。

鳴く虫には、合唱が美しい種類と、一頭で鳴く方が美しい種類とがいると思うのですが、春のキンヒバリはたった一頭で鳴くのがとても美しく感じられます。

カヤヒバリ

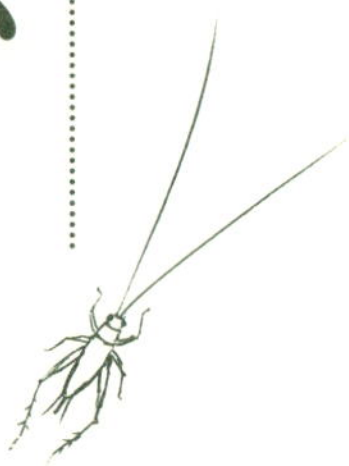

本州、四国、九州、伊豆諸島、南西諸島に分布していいます。幼虫で越冬して、五～六月ごろに成虫になり、九月ごろまで鳴いています。

体長六～七ミリほどの小型種で、キンヒバリと姿がよく似ていますが、キンヒバリほどの黄金色の輝《かがや》きはありません。翅《はね》の幅がキンヒバリよりややせまいので、キンヒバリよりもスマートな感じで、やや小さな音色です。

リーリーリーとかすかな声で鳴きますが、気温で鳴き方が変わります。おもに夜間に鳴き、気温の低い時はリーリーリーとゆっくりと鳴き、昼間はジキジキジキ……または、ビィービィービィーという少し早めのテンポで鳴きます。

五月初旬ごろに越冬した幼虫が成虫になって鳴き始めますが、そのころは気温がまだ低いので、本当にゆっくりとリー・リー・リーと区切るようにして鳴きます。

このように夜と昼と気温とで音色がちがうのもカヤヒバリの魅力《みりょく》です。

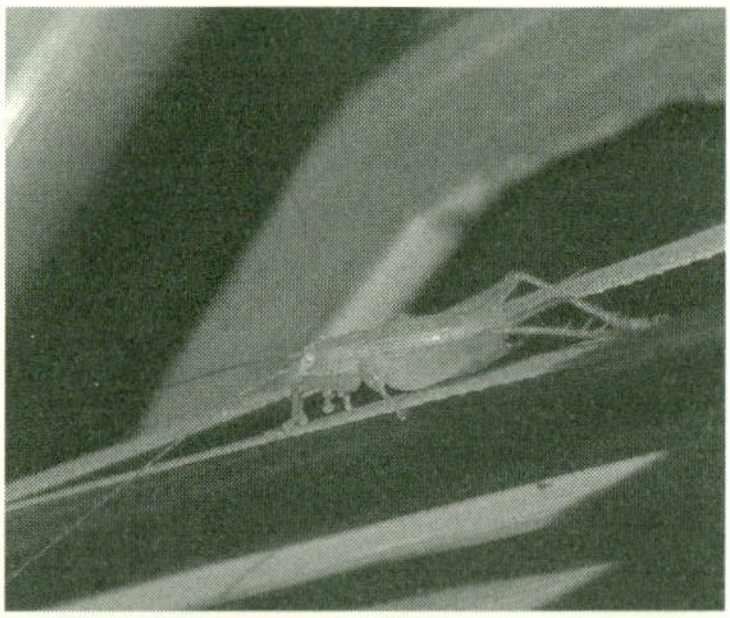

上：オス　下：メス。草の中央にいるが、体色が半透明で見分けにくい

【採集方法】

カヤヒバリは、その名のとおりススキの草原に生息しています。ススキ原はどこにでもあると思いますが、できるだけ規模の大きいススキ原を選ぶとよいでしょう。大きな川の河川敷《かせんじき》などによく発達したススキ原がありますが、そんなところにカヤヒバリは生息しています。

まずは、鳴き声で生息を確認してください。それができたら、昼間採集します。小型種なので、夜の採集は困難でしょう。

捕り方は、追い出し採集法とカップ採集法の併用です。ススキを根もと付近から、長靴をはいた足で踏《ふ》みならします。時間はかかりますが、根気よく続けていると、物音に驚《おどろ》いたカヤヒバリが現れるので、素早くカップではさみこむようにして捕らえます。

追い出した虫を網に追いこんで捕ろうとしても、ススキが密生していて網を思うようにあつかえず、もたもたして

カヤヒバリはススキの草原に生息している

いる間に逃《に》げられてしまいます。

ただ、ススキ原の縁《ふち》や、あまり密生していないところでは、網に追いこむのも可能なので、場所によってカップ採集法と、網追いこみ採集法とを使い分けるとよいでしょう。

【飼い方】

飼育環境

カヤヒバリはキンヒバリと同じ方法で飼うことができます。小さいわりにじょうぶで、六月はじめに飼い始めて、うまく飼えば九月末ごろまで楽しめます。

小型種のため、蓋《ふた》の隙間《すきま》から逃げられないように、ケースと蓋の間にコバエよけシートや布などを必ずはさんでください。

キンヒバリと姿はよく似ていますが、カヤヒバリは乾燥《かんそう》気味の草原に生息しているので、キンヒバリよりも若干、乾燥に強い傾向があります。とは言っても、体長六ミリほどの小型種ですから、水切れにはくれぐれも注意しましょう。水を切らすとすぐに死んでしまいます。コケ水（⇩45ページ）が日持ちもして管理もしやすくおすすめです。

餌

餌は、市販のスズムシの餌（粉末）などの動物質をあたえます。キンヒバリやクサヒバリよりも食が細く、食べているかどうかわからないくらいです。あたえる量の目安は、一頭に対して耳かき三分の一くらいで十分だと思います。減り具合を観察して、調整してみてください。

ヤマトヒバリ

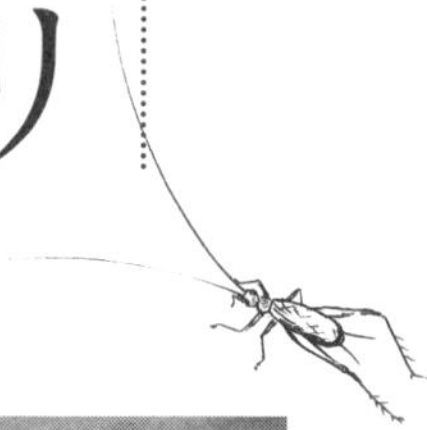

体長六〜七ミリの小型種で、ほかのヒバリ類などよりも細く、クサヒバリとくらべるとひと回り小さい感じがします。全体的に黒褐色《こっかっしょく》で胸部が赤色なのが特徴《とくちょう》。翅《はね》は半透明《はんとうめい》でやや銀色の光沢《こうたく》があり美しく、前脚と中脚は黒褐色、後ろ脚は半透明のような淡《あわ》い灰褐色です。

北海道を除く日本全土に分布していますが、準局地的で生息地はあまり多くありません。林内のうす暗い下草に生息している点が、ほかの鳴く虫と大きく異なります。このため、ほかの鳴く虫を採集していて偶然《ぐうぜん》捕れるということは、ほとんどないでしょう。

あまり目にする機会がない鳴く虫ですが、古くから愛好家たちに大変人気があり、珍重《ちんちょう》されてきました。

七〜一一月ごろ、ギ・ギ・ギ・ギ……と、少し濁《にご》った音色で、不規則な独特なテンポの、とてもよい声で鳴きます。この雰囲気《ふんいき》がほかの鳴く虫とちがった感じで面白く、耳に心地よく感じます。また、気温によって鳴き声が変わるのも特徴で、温度が下がってくるとリューリューリューリューといった感じになります。

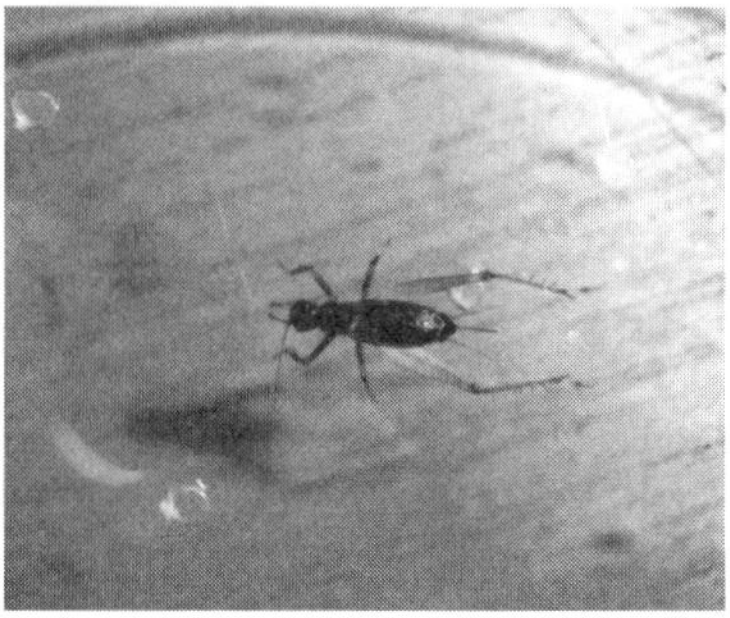

上：オス　下：メス

リィリィリィ……と鳴くこともあり、いろいろな音色が楽しめます。とても小さな体で一生懸命鳴く姿は健気《けなげ》です。

小さいわりにじょうぶで飼いやすく、大変優れた音色の持ち主なので、一度ヤマトヒバリを飼うと、とりこになると思います。

【採集方法】

まず生息地を見つけることが先決です。どこにでもいるわけではなく、一日中、山の中を歩きまわっても見つけられないこともあります。そのくらい、見つけるのが難しい種類です。

ヤマトヒバリは草原ではなく森林の下草に生息しています。比較的、うす暗い林を好む傾向にあり、明るい落葉広葉樹林よりも、常緑広葉樹林や杉林などに生息していることが多いので、そのような林を探してみるのがよいと思います。

また、林内のどんな下草にもいるわけではなく、ある程度好みがあって、特にヤブミョウガを好むようです。ヤブミョウガは関東以西の本州、四国、九州の温暖な地域に分布しているツユクサ科の草

ヤブミョウガ

で、湿気《しっけ》のあるところに自生しています。林内や林縁《りんえん》部でヤブミョウガを見つけたらビーティングしてみてください。ヤブミョウガの葉の下あたりに網を受けるように構えて、葉っぱをたたきます。ヤマトヒバリが生息していると、網の中に入ります。

ヤマトヒバリは生息地を見つけるのが非常に大変ですが、ポイントさえ発見できれば、採集自体は比較的簡単だと思います。ヤマトヒバリはほかのヒバリ類にくらべると、動きがやや緩慢《かんまん》です。ですから、網に入ったらあわてずにカップなどに追いこんで入れましょう。

【飼い方】

ヤマトヒバリは小さいわりにじょうぶで飼いやすい種類です。上手に飼えば、晩秋まで楽しめます。私は一〇月九日に採集した個体を、翌年の一月一三日まで飼育したことがあります。三カ月以上も楽しめたうえ、お正月にヤマトヒバリの鳴き声を聞くことができて、感無量でした。

飼育環境

ヤマトヒバリは草の上に棲《す》んでいるので、特に土などはいりません。飼育ケースの底に新聞紙などを敷《し》いておくとよいでしょう。

次に水を入れたカップや瓶《びん》などにヤブミョウガをさしたものをケースに入れます。ヤブミョウガが一番よいのですが、手に入らない場合はツユクサでも代用できます。

また小型種なので、脱走防止のために必ず飼育ケースと蓋《ふた》の間にコバエよけのシートや布などをはさんでください。

餌

市販のスズムシの餌（粉末）、野鳥飼育用のすり餌（四〜五分）（⇩48ページ）などで飼育できます。

水分補給はコケ水（⇩45ページ）がよいでしょう。小型種のため、水を切らさないように十分注意してください。

カネタタキ

体長は、オスで七～八ミリ内外、メスで一〇～一一ミリほどの小型種です。

北海道を除く日本全土に分布していますが、青森県や宮城県の一部には生息していないようです。

人家の生け《いけ》垣《がき》や公園などにも生息する、かなり身近な鳴く虫です。

樹上性で、チンチンチン……と澄《す》んだ金属的な声で鳴きます。翅《はね》が小さいため鳴き声も小さく、枕もとに置いてちょうどいい感じの鳴き声です。

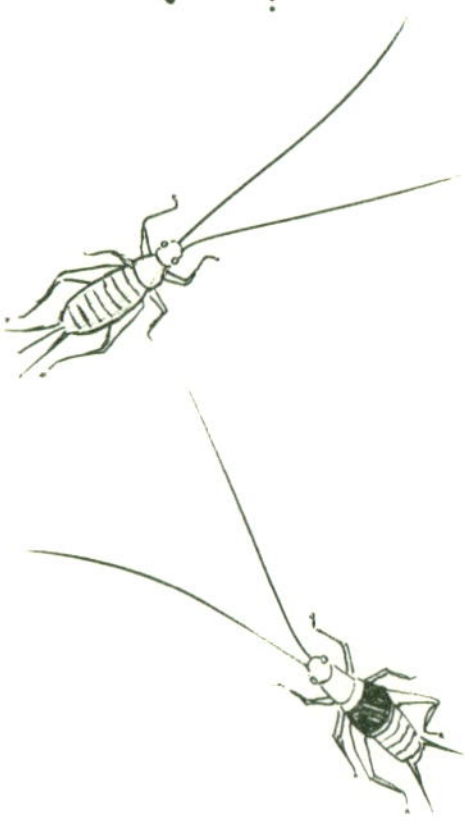

左：メス　右：オス

発生時期は鳴く虫の中では長い方で、八月下旬ごろ～一二月初旬ごろです。

飼育下ではさらに長くて、うまく飼えば一二月下旬ごろまで楽しめることがあります。このころ、ほかのほとんどの鳴く虫はシーズンが終わっているので、最後に鳴き声を楽しめるという意味でも大変貴重な種《しゅ》ではないでしょうか。

メスは茶褐色《ちゃかっしょく》の地味な色ですが、オスは意外ときれいな色をしています。頭と首の部分が赤褐色で、翅はとても短いのですがきれいな赤褐色に白い帯があります。個体によって色に差があり、赤褐色に濃淡《のうたん》があったり、白い帯が乳白色の個体などがいたりして、色のちがいも楽しめます。

昔はこのカネタタキの鳴き声が、ミノムシの声とまちがわれていたという説があるようです。両者同じような生息環境だからでしょうか。

【採集方法】

カネタタキは、昼間、ビーティングで採集するのがよいと思います。樹上性でおもに低木に多いのですが、背の高い草にもいます。鳴き声をたよりに近づいて、網を茂《しげ》みに差しこみ、上からたたきます。

カネタタキの採集の際、同時にクサヒバリが網に入ることがあります。その時はあわてずに、まずはクサヒバリを先に捕ります。

カネタタキは鳴く虫の中ではめずらしく、網に入ると下へ下へと移動します。一方、クサヒバリはどんどん上の方に飛び跳《は》ねてきて、あっという間に網の外に逃《に》げられてしまいます。

カネタタキは網の底の落ち葉の裏などに隠《かく》れているので、逃げ足の速いクサヒバリを捕ったあとで、落ち着いて捕りましょう。このカネタタキの、下へ下へと逃げて行く習性をあらかじめ知っておくとあわてずにすみます。

【飼い方】

飼育環境

樹上性のため基本的には土や砂などは不要です。飼育ケースの底に新聞紙などを敷《し》くだけでかまいません。その上にクズの葉など広い葉をのせてやれば虫は落ち着きます。マサキやアオキ、クズなどの草の小さな鉢植えを入れるとなおよいでしょう。

簡単なのは、大きめのペットボトルの蓋《ふた》などの中にミズゴケを敷きつめて水を入れ、そこにツユクサをさす方法です。こうするとツユクサが比較的長持ちします。カネタタキはツユクサの葉の上にとまって過ごします。

クサヒバリと同様、小さな昆虫なので、飼育ケースと蓋の間にうすい布やコバエよけシートなどをはさみます。

ツユクサ
コケ水
餌
板をわたして
その上にコケ
水と餌を置く
土は本来不要だが、
見ばえをよくする
ために入れている

カネタタキの飼育環境のセット

餌

市販のスズムシの餌（粉末）や野鳥飼育用のすり餌（四～五分）（⇩48ページ）などをよく食べます。あとは水分をあたえてください。小さな種類なので、水切れは致命的です。毎日霧吹《きりふ》きをするか、コケ水（⇩45ページ）をセットしてください。霧吹きはカビが発生する可能性もあるため、コケ水をおすすめします。

また、野菜類は何でも食べますが、ナスやキュウリなどをあたえる場合は、野菜から水分を補給するので、特に水やりは不要です。

共食いは比較的少ない種類ですが、動物質の餌が切れると起こることもあるので、欠かさないようにしてください。

クサヒバリほど敏捷《びんしょう》ではありませんが、カネタタキは結構飛び跳ねるので、世話をする時は脱走しないように十分注意してください。網の中では下へ下へと歩いて移動しますが、飼育下のケース内では蓋を開けると飛び跳ねて出てきます。

クマスズムシ

本州、四国、九州、対馬《つしま》、南西諸島に分布し、草地のやや湿《しめ》ったところに生息しています。

スズムシという名前がついていますが、スズムシよりもかなり小さく、オスで体長約一〇ミリ、メスで一二ミリほどの小型種で、少し光沢《こうたく》のある黒色ですが、腿節《たいせつ》の付近から先がオレンジ色、触角の中央部が白色です。

八～一〇月ごろ、金属的な独特な声で、シュキシュキシュキーンという感じで鳴きます。周波数が高いせいか、翅《はね》の大きさのわりには小さな音に感じます。少し聞き取りにくいかもしれません。枕もとに置いてちょうどよいくらいの声です。おもに夜鳴きますが、昼間も時々鳴きます。

鳴き声に関しては好みが分かれるかもしれませんが、ほかの鳴く虫には類を見ない高音で、不思議な声なので、本種を好んで飼う人も結構います。

また動きも独特なところがあり、もたもたする感じで歩き、葉っぱから葉っぱへ乗り移ろうとして失敗し、ドテッとひっくり返ったり、かわいくて見ていて飽《あ》きません。

上：メス　下：オス

【採集方法】

クマスズムシは少し湿気《しっけ》のある草地や笹藪《ささやぶ》などに生息しています。地上性のため、ほとんど地上付近で活動しています。熊手《くまで》で地上の落ち葉や枯《か》れ葉を次々と取り除いてください。そうしているとクマスズムシの鳴き声が聞こえることがあります。鳴き声が確認できれば、十中八九そのあたりの積もった落ち葉の下にいます。根気よく熊手でかき続けると発見できるので、カップで上からかぶせるようにして捕ります。

特に土手の枯れ葉がたくさんあるようなところなどでよく見つかります。

熊手はクマスズムシ採集の必需品《ひつじゅひん》です。

クマスズムシは比較的動きが鈍《にぶ》いため、発見さえすれば、かなり高い確率で採集できるでしょう。しかし失敗はありません。せっかく見つけたにもかかわらず逃《に》げられたとしても、落ちこむ必要はありません。一頭見つければ、その周辺にはまだ少なくとも数頭はいるはずですから、決してあせらず探すことです。

【飼い方】

飼育環境

クマスズムシは地上性なので、飼育ケースの底にスズムシ用の土などを三～五センチほど入れます。市販されている園芸用の土でもかまいませんが、化学肥料が入っていないものにしてください。ピートモス（⇩68ページ）もおすすめです。

ケースに土を入れてから、笹や稲わらを五センチ前後に切ったものを土の上に寝かせます。さらに枯れ葉を数枚その上に置いてやれば隠《かく》れ家《が》にもなり、虫を落ち着かせることができます。うまくいけば笹や稲わらに産卵するかもしれません。

餌

市販のスズムシの餌（粉末）をあたえます。乾燥させたクズの葉もあたえてください。キュウリやナスなどの野菜やリンゴをあたえてもよいでしょう。夜行性なので、夜そっと観察すると、食べているのを見ることができます。

水分補給は、湿気を好む傾向があるため、霧吹《きりふ》きがよいでしょう。念のため、コケ水（⇩45ページ）もセットしておきましょう。万が一、霧吹きを忘れても、コケ水があれば安心です。コケ水の水は天候にもよりますが晴天続きでも三日くらいは持ちます。

これは余談ですが、私がクマスズムシの採集に行った際、急に雨が降ってきたことがあります。そのまま採集を続けていると、それまで落ち葉の下に隠れていたクマスズムシが落ち葉の上に出てきて、思いがけず採集できたことがありました。雨がひどくなってきたのでその日は帰り、その後、それに関して検証していませんが、もしかするとクマスズムシは雨が降ってくると落ち葉の下から出てくるのかもしれません。

クマスズムシは温和な性質でほとんど共食いが起こらず、跳躍力《ちょうやくりょく》があまり強くないので、世話の際に脱走される心配もほとんどありません。うまく飼えば一二月下旬ごろまで生きることもあり、大変飼いやすいと思います。

累代飼育

飼育ケースの底に、黒土、ピートモス、スズムシ用の土などを三〜五センチ程度入れます。クマスズムシのメスは枯れ枝や茎などをかじってその中に産卵管を差しこんで産卵します。そのため、産卵床《さんらんしょう》としてアジサイの枯れた茎を三〜五センチ前後の長さに切って、土の上に置きます。これは土にさすのではなく、横にして置くとよいでしょう。

このようにセットしてクマスズムシのペアを入れて飼育すると、やがてメスはアジサイの茎をかじってその中に産卵します。黒土を使用していると、メスが茎をかじった際に出る白っぽい色の粉のようなカスが目立つのでよくわかります。このようなカスがたくさん出てきたら産卵していると思います。

シーズン終了後、死骸《しがい》やゴミを取り除いて、産卵床のアジサイと土にたっぷりと霧吹きをしてからビニールをかぶせて、飼育ケースと蓋《ふた》の間に新聞紙をはさんで越冬させます。氷点下などあまり気温が極端に下がらない場所に置きます。来春まで何もしなくてもよいでしょう。三月初旬になったら、ビニールをとり、毎日、土と産卵床に霧吹きをたっぷりと行います。卵は冬の間の乾燥《かんそう》には強いのですが、三月ごろの乾燥にはとても弱く、この時期に乾燥させると失敗します。

このように管理していくと、五月中旬から下旬ごろにかけて幼虫が孵化《ふか》します。孵化してからも毎日霧吹きをします。マツムシやスズムシの幼虫にくらべるとかなり小さいのですが、霧吹きをすると動くのでわかります。

クマスズムシの幼虫には、枯れて乾燥したクズの葉とすり餌（四分）（⇩48ページ）やスズムシ用の餌（粉末）などを与えます。クズの乾燥した葉を好んで食べ、葉脈まで食べつくしますが、ナス、キュウリ、リンゴなどをあたえてもよいでしょう。

七月下旬〜八月上旬ごろに成虫になって鳴き始めるので、次の産卵の準備を早目にしましょう。新しい産卵床と土を準備して、新しい飼育ケースに引っ越しをさせます。

ヒゲシロスズ

北海道と東北の一部を除いて、ほとんど日本全土に分布しており、地上性でやや湿気《しっけ》のある草地などに生息しています。

やや光沢《こうたく》のある黒色ですが、その名のとおり、触角の基部のあたりから途中《とちゅう》くらいまで白色をしています。体長六～七ミリ内外の小型種で、チリリリリ……という感じで連続的にきれいな声で鳴きます。

成虫は九月上旬ごろ発生し、一一月中旬ごろまで、比較的遅《おそ》い時期まで鳴き声が楽しめます。

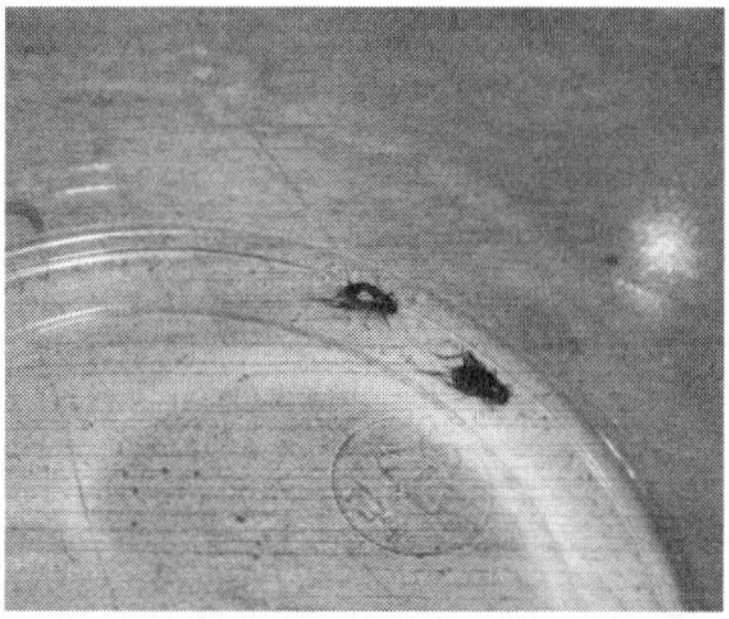

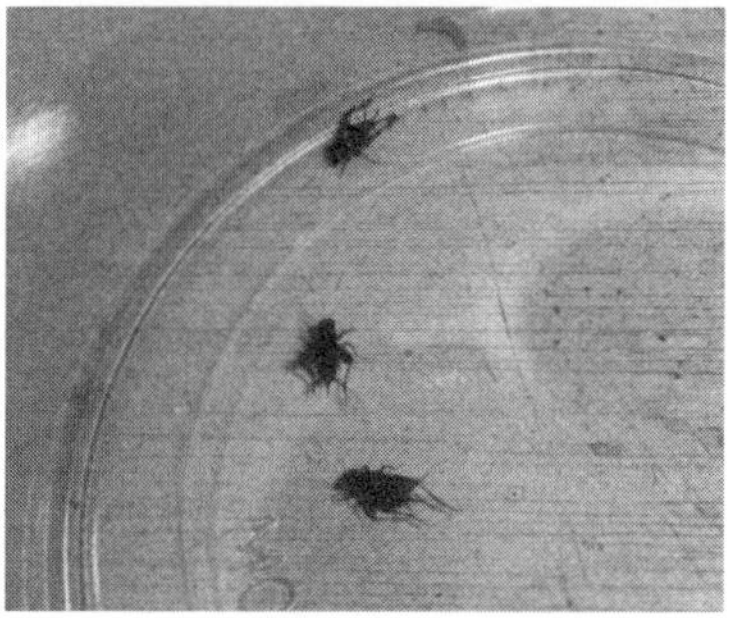

上：オス　下：メス

【採集方法】

ヒゲシロスズは大変小さく、夜間は採集困難なので昼間採集します。

草原や土手などに棲《す》んでいて、多少の湿気を好む傾向があります。また、石垣《いしがき》にもいて、私はよく土手の下部にあった石垣で採集しました。石垣の下には草地があるところでした。ヒゲシロスズは石垣の隙間《すきま》にひそんでいて、近づくと飛び出てくるので、そこをカップで捕まえるか、網に追いこんでからカップに移します。小型種なので隙間の大きいケースやかごを使うと逃げられてしまうので注意してください。

比較的、捕りやすかったので、毎年安定して採集できていたのですが、ある年、石垣の下の草地の草が刈《か》られてから捕れなくなりました。やはり草と密接な関係があるようです。石垣で捕れなくなってからは、もっぱら石垣の上の土手の草原で採集しています。

地上性のため、枯《か》れ葉の下などにもいます。よく草刈り後に刈り取られた草が地表に山積みにされているところがありますが、その枯れ草の山を熊手《くまで》などで取り除くとその下にいることがあります。

しかし本種はかなり小さいため、目を凝《こ》らしてよく見ないと見逃《みのが》してしまいます。触角の白い部分が目立つので、それを目印にするといいでしょう。枯れ草をごっそり取られても、わりと平気でじっとしていて触角だけを動かしているといった感じです。

見つけたら素早くカップや瓶《びん》などで上からかぶせるようにして捕ります。網で捕ってもよいのですが、ヒゲシロスズは大変小さいため、カップか瓶で捕ってそのまま持ち帰り、帰宅後、飼育ケースに移すとよいでしょう。

ヒゲシロスズを採集していると、よくクマスズムシやクマコオロギも見つけることがあります。もしこれらも採集の目的であれば一挙両得です。その場合は、優先順位を考えて、目標にしている種類から採集しましょう。

この三種に共通しているのは、いずれも地上性で多少の湿気を好む傾向にあるということです。採集に行く時は、事前にしっかりと採集計画を立ててから行くようにしましょう。

【飼い方】

飼育環境

小型種なので、飼育ケース本体と蓋の間にうすい布やコバエよけシートなどをはさみます。地上性のため、スズムシ用の土などを三～五センチほどケースの底に入れます。その上に枯れ葉を敷《し》きつめてやると、その下にもぐって隠《かく》れるので、落ち着かせることができます。これは本来の生息環境と、ほぼ同じ状態を作っているからです。

また、ヒゲシロスズは跳躍力《ちょうやくりょく》があるため、世話の際の脱走には十分注意しましょう。油断大敵です。小さいからと侮《あなど》っていると、すぐに脱走されてしまいます。

餌

市販のスズムシの餌（粉末）か、野鳥用のすり餌（四～六分）（⇩48ページ）をあたえるとよく食べます。野菜類もキュウリやナスなど何でも食べます。野菜類をあたえる場合はそれらから水分補給をするので、特に霧吹《きりふ》きなどは必要ありませんが、野菜類をあたえずスズムシの餌やすり餌だけの場合は、霧吹きやコケ水（⇩45ページ）による水分補給が必要です。ヒゲシロスズのような小型種の場合は、水分を切らすとすぐに死んでしまいます。

クマコオロギ

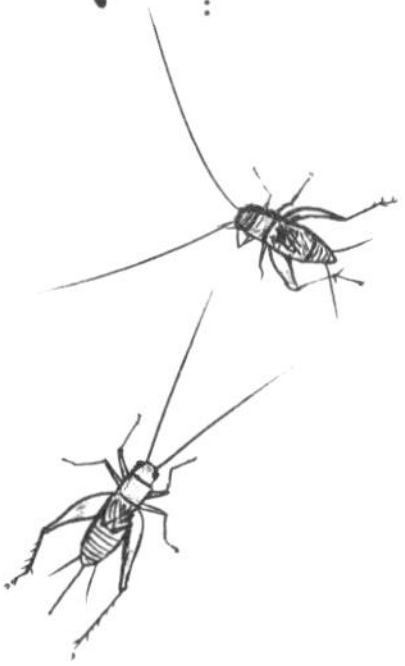

少し光沢《こうたく》のある黒色で、脚が飴《あめ》色のきれいなコオロギです。

本州、四国、九州、種子島《たねがしま》、対馬《つしま》に分布しています。

体長一二～一八ミリ内外。チュリッ、チュリッとかわいらしい声で鳴きます。枕もとに置いてちょうどよいくらいのボリュームです。

八～一〇月に発生。地上性で、やや湿《しめ》ったところを好む傾向にあり、河川敷《かせんじき》の土手や池の土手、公園の土手、林縁《りんえん》部付近の草地などの少し湿気《しっけ》があるところに生息しています。

ヒゲシロスズやクマスズムシと同じような環境に生息しているので、本種を採集中にヒゲシロスズやクマスズムシと遭遇《そうぐう》することが少なくありません。

飼育方法も簡単で、じょうぶです。

クマコオロギはコケの中にもぐって隠《かく》れる面白い習性があって、見ていて飽《あ》きません。

オス

【採集方法】

クマコオロギは、河川敷付近の草地で昼間から鳴いていて比較的見つけやすいので、昼間採集します。ただし、ほかのコオロギ類のように、私たちの目につくようなところに出てくることはほとんどありません。こちらから何らかのアクションを起こす必要があります。

まず鳴き声をたよりにできるだけ近づきます。たいてい、刈《か》り取ったあとの枯《か》れ草の山や大量に積み重なった落ち葉の下にひそんでいるので、熊手《くまで》などでそっとそれらを取り除きます。

枯れ葉を取られて急に明るくなって驚《おどろ》いたクマコオロギは、枯れ葉の下に隠れようと動きだします。そこをあらかじめ用意しておいたカップや瓶《びん》などで素早く上からかぶせるようにして捕らえます。右手で熊手を持って枯れ葉を取り除きながら、左手にカップや瓶を持っていれば素早く対応することができます。

また、網でも採集可能です。この場合、網の中に追いこんで捕らえるのがコツです。

【飼い方】

飼育環境

飼育ケースの底に市販の赤玉土《あかだまつち》やピートモス（⇩68ページ）、スズムシ用の土などを三～五センチ程度入れ、その上に枯れ葉を土の表面が見えなくなるくらいまで入れます。枯れ葉の種類は、笹、ススキ、クズの葉などがよいでしょう。広葉樹の枯れ葉でもかまいません。

忘れてはならないのがコケです。クマコオロギはコケを非常に好みます。ペットボトルの蓋《ふた》などでもかまいませんが、できればもう少し大きめのミニサイズの食品保存容器などにたっぷりとコケを入れてやってください。そして霧吹《きりふ》きなどでコケにたっぷりと水分をふくませましょう。クマコオロギはふだん、その中に入って隠れるので、コケを入れることで落ち着かせることができます。コケは水をふくませることができれば特に種類は問いません。

餌

市販のスズムシの餌（粉末）をペットボトルの蓋や小皿に入れて置きます。コケに水をふくませているので、ケースの中は湿度が高く、餌はどうしても湿気やすくなります。餌が湿気たら早めに新しいものと交換しましょう。

コケから水分をとるので野菜などは特に必要ありませんが、コケの水分は絶対に切らさないようにしてください。

コケの中にひそんでいるからと油断していると、コケの中から突然ジャンプして、あっという間に逃《に》げてしまうことがあります。かなりの跳躍力《ちょうやくりょく》がありますので、世話をする時はくれぐれもご注意ください。

カワラスズ

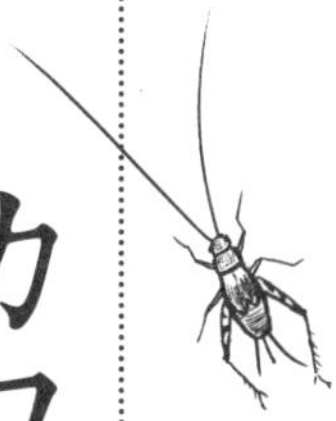

本州、四国、九州に分布しており、その名のとおり河原に棲《す》んでいます。ふつうは河川の中流域から上流域にかけて生息していますが、分布は局地的で、どこの河原にもいるというわけではなく、採集が難しい種類だと思います。

体長七〜一〇ミリで、わずかに褐色《かっしょく》を帯びた黒色です。八〜一一月に発生します。

鳴き声は、チョチョチョ、またはチャチャチャという感じで、とてもきれいで可憐《かれん》な音色です。また、石の上で体をゆさぶる習性があり、この動作が大変面白く、見ていて飽《あ》きません。

このように大変魅力《みりょく》的な虫ですが、なかなか採集できないということもあり、鳴く虫好きの間では、憧《あこが》れの存在と言えるかもしれません。

私は、駅のホームで電車を待っている時に、カワラスズが鳴いているのを聞いたことがあります。数頭が鳴いていただけですが、電車が来るまで思わず聞き入ってしまいました。

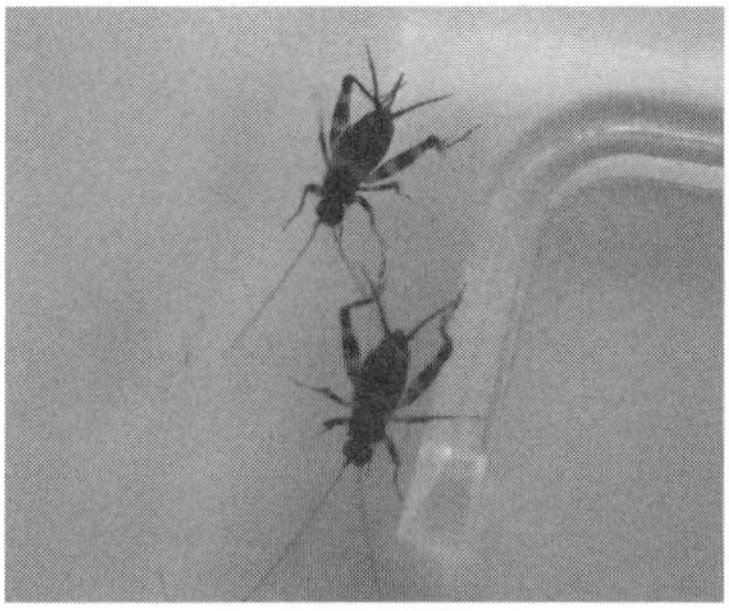

上：メス　下：オス

【採集方法】

カワラスズの場合は、何よりもまず生息地を見つけることが重要です。どこにでもいるような鳴く虫ではないからです。

私は生息地を見つけるために三〇カ所以上の河原を見に行きました。片道一二五キロの道のりを、高速道路を使って一時間半かけて行って、見つけることができずに帰ってきたこともあります。また、運よくポイントを発見しても、いるところとまったくいないところがあるのです。採集よりも生息地を見つけるのが難しいという点で、ほかの鳴く虫とは一線を画します。

カワラスズは小型種なので、夜間の採集は困難です。昼間、採集します。

河原の石の隙間《すきま》にひそんでいたり、石の裏側や側面などにもいます。鉄道線路の敷石《しきいし》大の石の下にいることもあれば、時には持ち上げるのに苦労するような、一五キロくらいもあるような大きな石の下にいることもあります。

昼間も鳴くので、まず鳴き声をたよりに、できるだけ近づいてください。そして河原の石をひっくり返します。そっと近づき、ここだ！と思ったところの石を取り除くのです。うまくいけば、その下にいることがあります。できるだけそっと近づくのがコツです。至近《しきん》距離になると警戒心《けいかいしん》が強いカワラスズは鳴きやむからです。

このようにピンポイントで見つけることができれば理想的ですが、居場所を特定できなかった場合でも、ある程度近づいたあと、だいたいのめぼしをつけて、その周囲の石をひっくり返していけば見つけることができると思います。

見つけたら、網に追いこむようにして捕らえます。網に入るまでは油断禁物です。カワラスズは一度飛び跳《は》ねると、すぐに石の下にもぐりこんでしまうからです。

コオロギの仲間はふつう、逃《に》げる時は次から次へと飛び跳ねて行きます。この場合は、追いかけて捕らえることができるのですが、カワラスズの場合はピョンと跳《と》んだと思いきや、すぐに石の下に隠《かく》れてしまいます。この点がほかのコオロギ類と異なる特徴《とくちょう》で、まさに河原の魔術師《まじゅつし》です。しかも同じような石がゴロゴロ転がっているような河原ですから、どの石の下にもぐりこんだのかわからなくなる時があります。小型種ゆえ余計わかりにくいと言うわけです。

ですから理想的には、一回目に跳んだ時にうまく網に追いこむことです。一回で成功させるのがコツです。

この作業は結構重労働ですから、必ず休憩をはさみながら行ってください。立ったり座ったりを繰り返すので、腰の悪い方は絶対にしてはいけません。

私の経験から、まずは鳴き声を頭にたたきこむことが大切です。事前に、カワラスズの鳴き声を完全に覚えてください。鳴き声が比較的小さいうえ、石の下で鳴いているので聞こえにくいのですが、今はインターネットで簡単に鳴き声を聞くことができます。このような事前準備をしてこそ成功するのです。

【マダラスズとの識別方法】

河原で採集していると、いろんな種類のコオロギの仲間に遭遇《そうぐう》します。マダラスズとカワラスズは大きさといい、色といい、見た目がよく似ていてまぎらわしいので、その見分け方をお教えしましょう。

① 行動パターン

カワラスズは飛び跳ねたあとすぐに石の下にもぐりこみますが、マダラスズは図のように、ほかのコオロギ類と同様、次から次へとピョンピョンと飛び跳ねて行きます。この行動が見分け方の一つです。

② 容姿のちがい

マダラスズよりもカワラスズの方が少し大きくて、脚も少し長いので、慣れればすぐに見分けがつくようになると思います。

またカワラスズは、翅《はね》の付け根あたりが白いのが特徴です。オスはごくわずかですが、メスは顕著《けんちょ》です。

メスはマダラスズのメスよりもひと回り大きくて、この翅の基部の白色がとても目立ちます。ですからメスは簡単に見分けることができると思います。

問題はオスです。マダラスズとほとんど同じような色をしているので、慣

マダラスズのメス（左）とオス（右）

れないと見分けにくいかもしれません。以下に見分け方をまとめておきます。

〈カワラスズ〉
体長：オス七〜九ミリ、メス八〜一〇ミリ
翅の基部が白色（オスはごくわずかでわかりにくいが、メスは顕著）。体はやや褐色を帯びた黒色
触角の色は全部白色
〈マダラスズ〉
体長：オス六〜八ミリ、メス七〜九ミリ
翅の基部は白くない。体全体が黒褐色《こっかっしょく》またはやや茶褐色
触角の色は白色で先端《せんたん》のみ黒色（触角は小さく、どちらかと言うとこれでは見分けにくい）

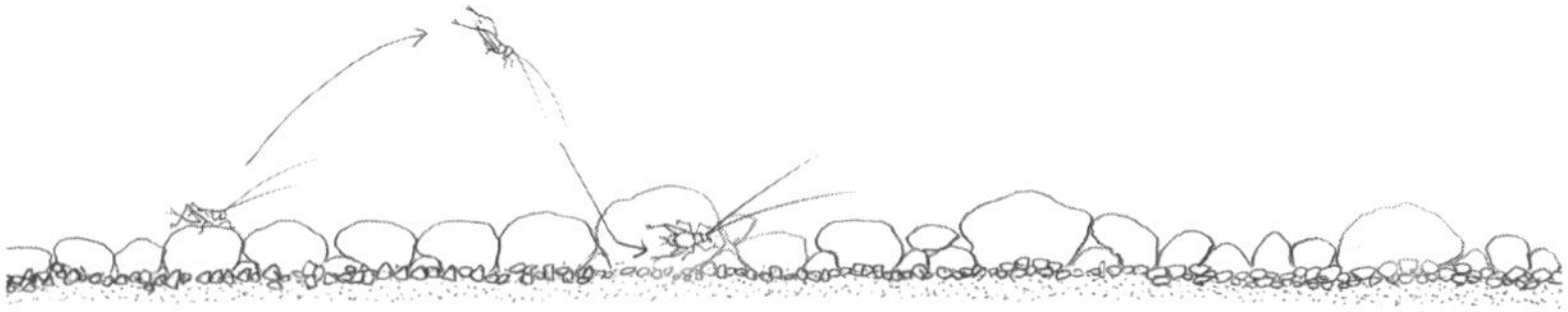

カワラスズは、一度飛び跳ねたあとすぐに石の下にもぐる

マダラスズは、次から次へとピョンピョン飛び跳ねる

【飼い方】

飼育環境

採集地の川砂と河原石を用意します。

川砂は、採集現地で目の細かいふるいにかけて、細かい砂を持ち帰ります。ふるいにかけると、木屑《きくず》など不要なものも除去できるので一石二鳥です。持ち帰ってからこの作業を行うと、残った粗《あら》い砂の処理に困る場合があります。

持ち帰った砂は加熱処理します。不要なフライパンで熱してもいいし、簡単なのはビニール袋に入れて少し水分をふくませてから電子レンジで加熱する方法です（五〇〇ワットで四～五分）。これは雑菌や雑虫などを死滅《しめつ》させるのが目的です。やけどしないようにあつかいに注意して、ケースに入れる前によく冷ましてください。

飼育ケースにこの砂を三～五センチ程度入れます。そして、砂の上に石を適当に置いていきます。河原を再現するイメージで工夫してみてください。

ここでの注意点は、少しくらいの振動で簡単に崩《くず》れないようにしっかりと石をセットすることです。不安定だと、何かのひょうしに石が崩れて、カワラスズが下敷《したじ》きになって死んでしまう危険性があるからです。石の大きさは、線路の敷石大～こぶし大を目安にするとよいでしょう。

このように、生息環境の河原に少しでも近づけるようにすると、虫が落ち着きます。

カワラスズは昼間も鳴きますが、夜間の方がよく鳴いて、活発に動きまわります。夜、石の上で鳴き、体を前後にゆさぶる面白い独特の動きを見ることができると思います。

餌

市販のスズムシの餌（粉末）や野鳥飼育用のすり餌（四〜五分）（⇩48ページ）をあたえます。

水分補給用にコケ水（⇩45ページ）を入れてください。コケ水を用意できない場合は、毎日欠かさず霧吹《きりふ》きをしてください。カワラスズは小型種で生息場所が河原ということもあって、水切れに非常に弱く、半日ほど水を切らしただけで死んでしまうこともあります。十分注意してください。

累代飼育

準備するのは生息地の川砂と河原の石で、飼育環境と同じよ

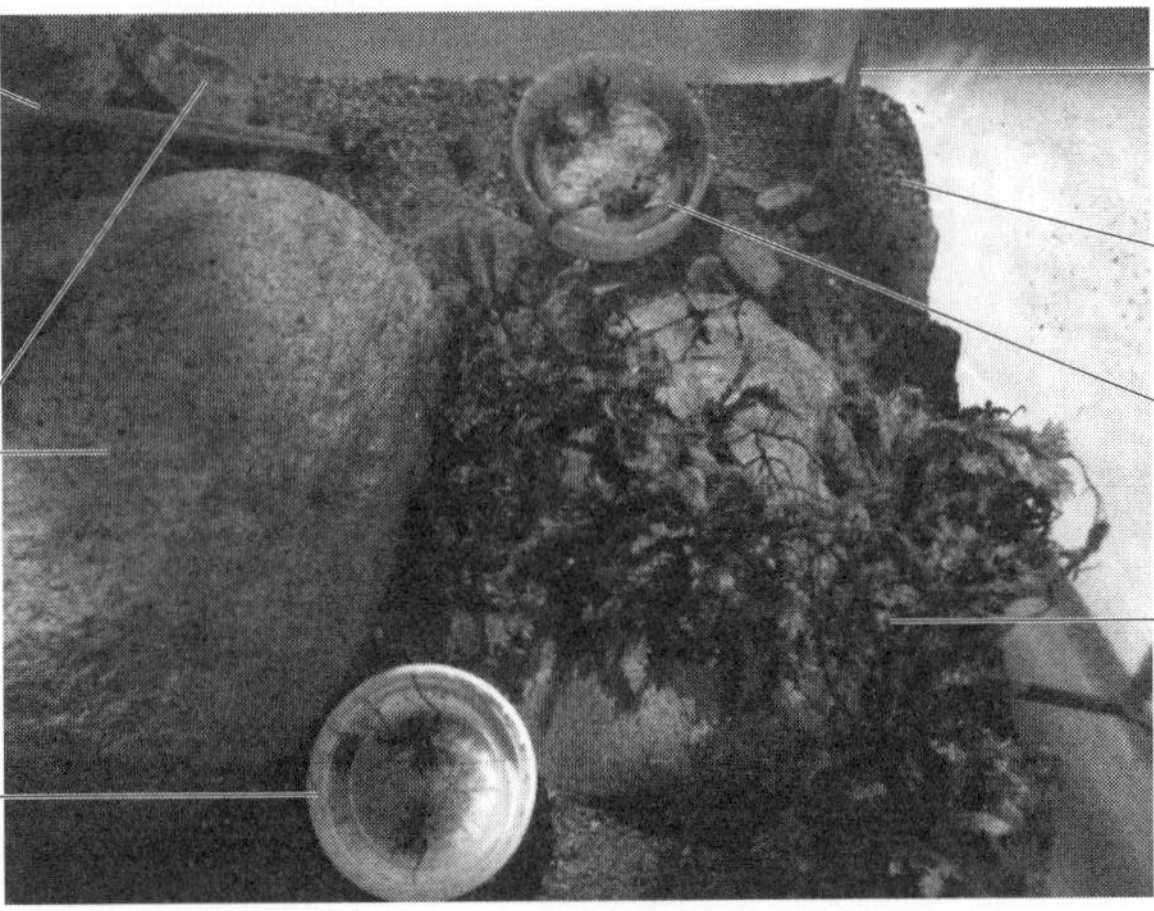

カワラスズの累代飼育のセット

うにセットします。カワラスズは砂に産卵します。一度、生息地の砂を切らしたので代替として近所の河原の川砂を使ったことがありましたが、その時はまったく産卵しませんでした。何か理由があるのかもしれないので、今後研究を続けたいと思います。

次に、カワラスズの幼虫が脱皮しやすいように、稲わら、ススキ、笹の茎《くき》などを七~一〇センチ程度に切って砂にさしておきます。

このようにセットすると、うまくいけばカワラスズは砂に産卵します。シーズン終了後、死骸《しがい》やゴミを取り除いて、二日に一回程度、石や川砂全体が湿るようにたっぷりと霧吹きを行い、氷点下など極端に気温が下がらない場所に置いて、翌春まで管理します。ただし、暖房している部屋などはよくありません。ある程度の冬の寒さも必要です。乾燥《かんそう》を防ぐため、霧吹きをしたあとは、砂と石の上からビニールをかぶせておくとよいでしょう。五月初旬ごろにビニールを取り外して、毎日霧吹きを続けていると、五月末ごろに幼虫が孵化《ふか》してきます。

ただし、カワラスズの累代飼育は、スズムシなどにくらべると難しいと思います。

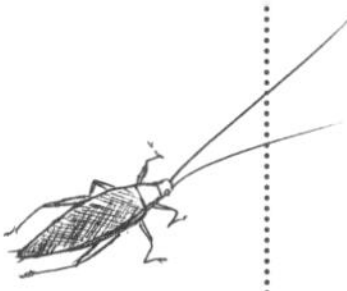

アオマツムシ

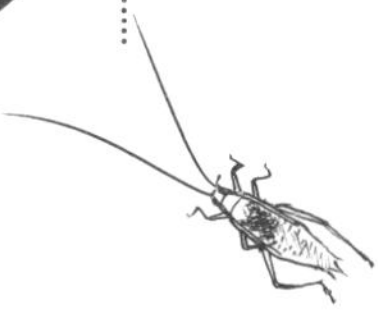

本州、四国、九州に分布しています。もともと中国原産で、明治時代に日本に移入されたと言われています。

都市部の街路樹など、各地にふつうに生息しています。体長二三〜二六ミリ内外。メスはほぼ全身が緑色、オスも音を出すやすりの部分以外は緑色です。樹上性で、高いところでリィーリィーリィーとよく通る大きな声で鳴きます。

八月中旬ごろから鳴き始め、九月中旬ごろからだんだん少なくなり、一〇月に入ると鳴き声はかなり少なくなります。鳴く虫の中ではやや発生期間が短い方です。

終齢《しゅうれい》幼虫は成虫と同じような色をしていますが、若齢《じゃくれい》幼虫は色がまったく異なり、赤褐色《せっかっしょく》をしています。とても赤っぽいので、一見、別種のようです。まるでカネタタキのようで、私もはじめて採集した時は、アオマツムシの幼虫だとは思いませんでした。飼育して終齢幼虫になってやっと本種とわかったのです。

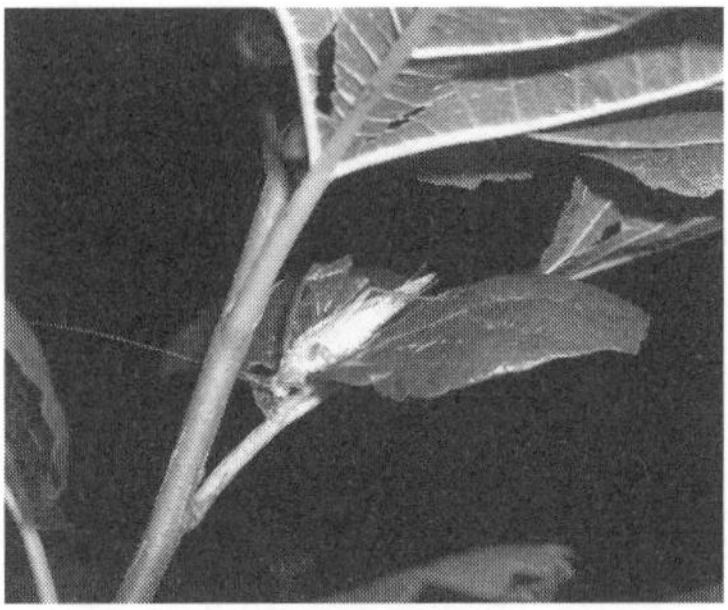

鳴いてるオス

【採集方法】

昼間の採集方法

アオマツムシは林縁《りんえん》部や街路樹の木の高いところにいるので、捕るのは難しいと思います。夜間鳴いている場所を確認しておいて、昼間スウィーピングして捕ります。コツは枝先の部分をたんねんにスウィーピングすることです。これでオス・メス両方捕れますが、この方法はどちらかと言えば幼虫の採集にふさわしいでしょう。幼虫は比較的低いところにもいるからです。

夜間の採集方法

鳴いているアオマツムシを採集する方法を紹介《しょうかい》します。樹冠《じゅかん》部で鳴いていることが多いので、コツがいります。耳を澄《す》まして鳴き声を聞いていると、林縁部から少し離れた疎林《そりん》や、ポツンと離れた低木で鳴いていることがあるので、これをねらいます。気づかれないよう、音を立てずにそっと近づいてください。根気よくたんねんに探していると、鳴いているアオマツムシを発見できると思います。鳴いている下に網を受け構えて、その中にたたきこむようにして捕らえます。ビーティングと同じ要領で、アオマツムシのいる少し上あたりから、下の網にむけてたたくとよいでしょう。

見下ろし採集法

道の土手の下側から生えている高木の樹冠部をスウィーピングします。昼夜問わず採集できます。このような恵まれたポイントはあまり多くありませんが、大変有効なポイントです。

余談になりますが、私はヤマトタマムシの採集のために、このようなポイントを二カ所確保しています。樹高二〇メートル以上もあろうかというエノキが山道の土手の下側から生えているのですが、網がちょうど樹冠部に届くので、タマムシを一時間ほどで二〇頭以上も捕ることができます。この採集数は、見下ろし採集法でないとかなり難しいと思います。

【飼い方】

飼育環境

中型くらいの飼育ケースで飼育します。アオマツムシは樹上性のため、土などは必要ありません。飼育ケースの底に新聞紙を敷《し》いて、止まり木として小枝を入れるだけでよいでしょう。エノキ、クヌギ、コナラ、サクラは、葉が餌にもなるので一石二鳥です。

餌

エノキ、クヌギ、コナラ、サクラの葉をあたえます。これらの葉をカップや瓶《びん》の中に水を入れてさしておくと、少し長持ちすると思います。生の葉を好んで食べるので、時々新鮮《しんせん》な葉と交換してやります。ただ、枯《か》れた葉も少し食べるので、入れ替え時に全部捨てずに、少し残しておくとよいでしょう。

また、ナス、キュウリなどの野菜やリンゴをあたえてもよいでしょう。

そして、市販のスズムシの餌（粉末）か野鳥のすり餌（四分）（⇩48ページ）なども毎日あたえてください。水分補給のためにコケ水（⇩45ページ）をセットします。

エンマコオロギ

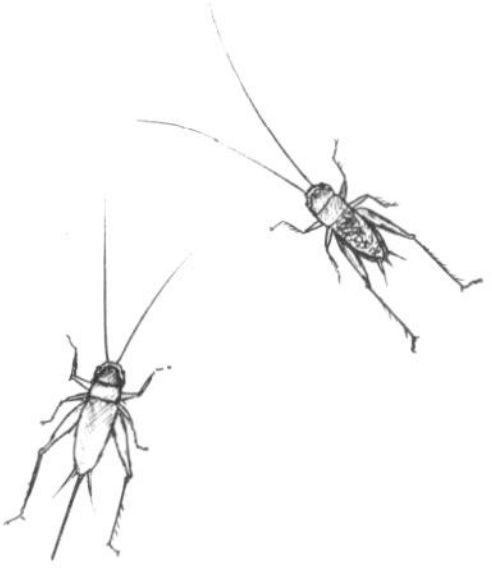

日本全土に広く分布しており、田んぼや畑など農耕地に多く、郊外の市街地の公園や空き地などにもふつうに生息しています。

体長二六～三八ミリ内外と大型で、比較的見つけやすく、捕りやすいコオロギです。体色は黒褐色《こっかっしょく》ですが、幼虫は成虫よりも黒っぽく白い線が背中あたりにあるのが特徴《とくちょう》です。

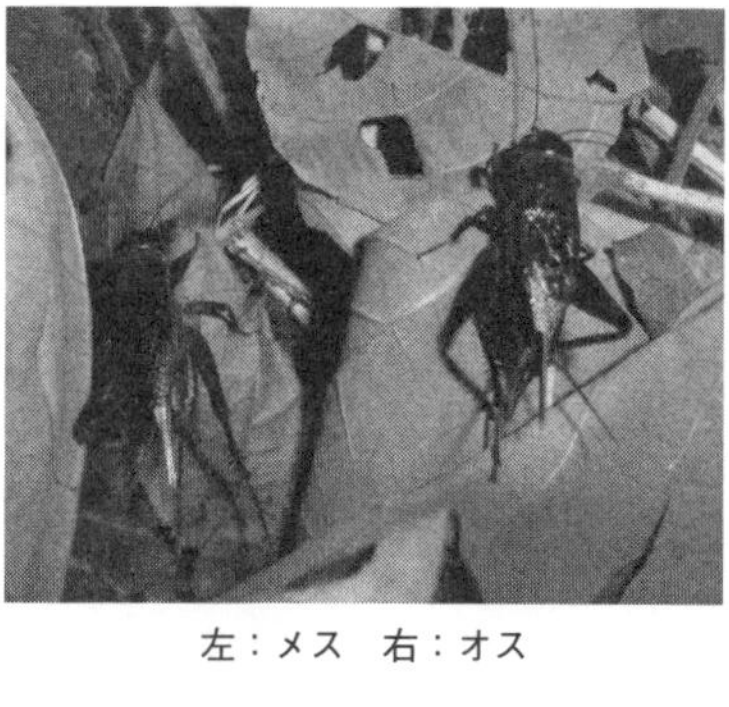

左：メス　右：オス

コロコロリーと、玉を転がすような美しい声で鳴きます。

七～一一月ごろまで見られ、晩秋のころはヒョコヒョコヒョコヒョコといった感じで少し弱々しい鳴き声になり、気温差やその時の状況などで鳴き声が少し変わります。

エンマコオロギはとてもよい声で鳴くのですが、普通種《ふつうしゅ》ということもあってか、鳴く虫通の評価はやや低いようです。

【採集方法】

エンマコオロギの採集方法は、一部を除き、ほかのコオロギ類の採集にも応用できます。

【昼間の採集方法】

熊手《くまで》採集法

エンマコオロギはやや暗いところを好みます。これは、クマスズムシ、ヒゲシロスズ、クマコオロギなど地上性のコオロギの仲間に共通していることですが、刈《か》り取られて地表に積み上げられた草の下や、落ち葉の下などに棲《す》んでいるので、熊手でこれらを取り除きます。隠《かく》れ家《が》を取り除かれて逃《に》げ始めたエンマコオロギを、カップや瓶《びん》などで上からかぶせるようにして捕らえます。カップをかぶせてから、蓋《ふた》をカップ本体の下側の横から差し入れるようにして封じこめ、逃げられないようにして捕らえるのがコツです。この時、蓋と本体でエンマコオロギの体や脚をはさまないように注意してください。

本種は昼間でも鳴いているので、その付近をねらって熊手で採集すればよいと思います。また、石の下にもいるので、手でひっくり返して、同様に採集してください。

河原での採集法

河原の石をひっくり返して、石の下にひそんでいるコオロギの仲間を採集する方法です。網に追いこむようにして捕らえます。

石がゴロゴロたくさんある河原には、エンマコオロギ、カワラスズ、マダラスズなど、いろいろな種類が生息しています。一度、カワラスズを採集している時に、石の上にクサヒバリがいたことがあり驚《おどろ》きました。思わぬ虫が捕れるという楽しみもあるかもしれません。

ただし、河原での採集は結構重労働です。立ったり座ったりを繰り返しながら、手で石を次から次へとひっくり返していくので、腰にかなりの負担がかかります。これを炎天下《えんてんか》でやろうものなら体力を消耗《しょうもう》します。くれぐれも無理のないように気をつけてください。

【夜間の採集方法】

低い草原での採集法

昼間、エンマコオロギの生息を確認しておき、夜、採集に行きます。高さ三〇センチ以下の低い草地をねらいます。

ヘッドライトを照らしながらゆっくり歩いていると、草の先の方にひょっこりとエンマコオロギが出てきていることがあるので、両手で捕らえるか、カップや瓶などを使って、本体と蓋ではさみこむようにして捕らえます。

草原を歩く時は、静かに歩くよりも、どちらかと言うと少し音を立てながら歩いた方がよい結果が得られるようです。ヘッドライトの光や人が歩く音で異変を感じて、様子を見に草の先端《せんたん》部分に現れるのかもしれません。

これでオスもメスも両方捕ることができ、条件さえそろえば一番簡単なエンマコオロギの採集方法です。一番の条件は草の高さで、四〇センチ以上になるとこの方法での採集は困難だと思います。

道での採集法

エンマコオロギやオカメコオロギ、ミツカドコオロギ、クマコオロギなどは、夜間、草むらから道に出ていることがあるので、ヘッドライトで照らしながら歩きます。見つけたら素早く網をかぶせて捕らえます。カップや瓶などを上からかぶせて捕ってもよいのですが、経験を積まなければ難しいと思います。

追い出し採集法

草原から道側に追い出すようにして捕らえる方法です。草を踏《ふ》みならすようにして、足で草を倒《たお》していきます。驚いたエンマコオロギが道の方に飛び出してきたら、網をかぶせて捕らえます。草原から道の方に追い出すイメージで草を踏んでいくのがコツです。

この採集方法は、オカメコオロギのオス・メス、ミツカドコオロギのオス・メス、クマコオロギのオス・メス、スズムシ（おもにメス）、マツムシ（おもにメス）の採集にも応用できると思います。

【飼い方】

エンマコオロギはうす暗いところを好むので、直射日光を避《さ》けて、風通しのよいところで飼いましょう。

飼育環境

大きめの飼育ケースで飼います。

ケースの底に市販のスズムシ用の土などを三～五センチ程度入れます。次に隠れ家を作ります。木の皮や板切れ、瀬戸物のかけらなどを入れてやると、その下に隠れて過ごすようになります。スズムシ同様、明るいところを嫌《きら》う傾向があるので、必ずこれらを入れるようにしてください。枯《か》れ草の束や落ち葉をたくさん入れても隠れ家になります。

また、結構共食いをするので、一つの飼育ケースにあまりたくさん一緒に飼うのはよくありません。幅三七〇ミリ×奥行き二二〇ミリ×高さ二四〇ミリ程度の大きめの飼育ケースで三ペア（オス三頭、メス三頭）くらいが目安です。しかし、累代飼育が目的である場合以外は、オスは一頭ずつ別に飼うのが一番よいと思います。

餌

乾燥させたクズをよく食べます。また、ナス、キュウリなどの野菜とリンゴなどをあたえてください。

同時に動物質の餌として、市販の野鳥飼育用のすり餌（四～五分）（⇩48ページ）や、スズムシの餌（粉末）を必ずあたえます。煮干《にぼ》しなどでもよいでしょう。自然下のエンマコオロギは、昆虫の死骸《しがい》なども食べているのと、共食い防止の意味からも、これらの動物質の餌は欠かせません。

キリギリスの仲間

日本全土に広く分布しています。

キリギリスの仲間はコオロギの仲間とくらべると、美しい声と言える種類は少ないかもしれませんが、とても風情《ふぜい》があり、いわゆる渋《しぶ》みのある鳴き声の持ち主が多く、昔から愛好家の間でさかんに飼育されてきました。特にキリギリスは、昔から夏の風物詩として広く知られています。鳴き声を聞いて、夏が来たと実感する、そんな方も多いのではないでしょうか。

キリギリス類は多くが草の上や樹上に棲《す》んでいて、コオロギ類とくらべると一般的に大型で、脚が長く発達していて強い跳躍力《ちょうやくりょく》があります。体が大きい分、見つけやすいかもしれませんが、その強力な脚で逃《に》げられやすいという面もあります。

ここでは、そんなキリギリスの仲間の採集方法について紹介《しょうかい》していきたいと思います。

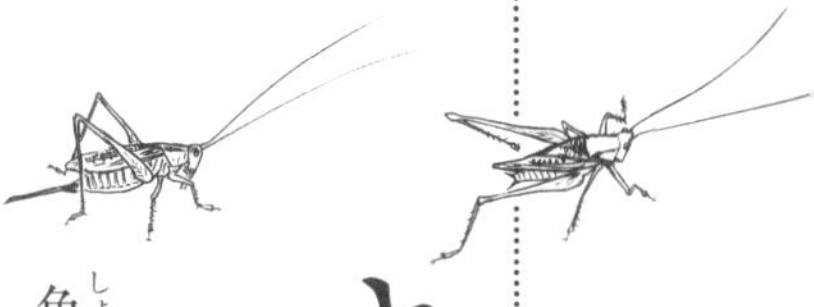

キリギリス

体長三五～四〇ミリ内外。体色は緑色か淡褐《たんかっ》色《しょく》で、翅《はね》の側面の緑色の部分に黒斑《こくはん》があります。

以前、本州、四国、九州に分布するキリギリスは一種と考えられていましたが、その後の調査でヒガシキリギリスとニシキリギリスの二種に分けられたという経緯があります。ただ、生態や鳴き声などにそれほど明確なちがいがないことと、大変まぎらわしいので、本書ではこの二種をまとめてキリギリスと表記します。ちなみに私の住んでいる大阪府周辺では、この二種が混在しているので、採集に行くと二種が同時に捕れます。ほかに、北海道にはハネナガキリギリスが、沖縄県にはオキナワキリギリスが生息しています。

キリギリスは、夏の昼間の草地にふつうに見られ、市街地の近くにもいて、あちこちで鳴いています。四月初旬ごろには早くも幼虫が見られるようになり、六月下旬ごろから鳴きはじめ、九月末くらいまで鳴いていますが、遅《おそ》くに発生した少数の個体が一〇月中旬ごろまで鳴いていることがあります。

イソップ物語のアリとキリギリスでも大変有名で、あまり昆虫に興味がなくてもキリギリスを知っている人は少なくないのではないでしょうか。

上：オス　下：メス

江戸時代の鳴く虫ブームの時に人気の虫の一つでした。決してよい声とは言えませんが、いわゆる渋《しぶ》みがあり、風情《ふぜい》を感じさせます。

じつは、鳴く虫の中で、昼間に鳴く種類は比較的少ないのです。キリギリスは昼間活発に活動してよく鳴くので、飼育すると楽しいと思います。

キリギリスは、一頭ずつ一つのケースに入れて、複数頭飼うことをおすすめします。鳴き声の連係プレーが面白いからです。おそらく「チョン」が合図で、このチョンを全頭が連呼したあと、ギース、ギース、ギースと鳴いていきます。この合図からの連係プレーの鳴き方はキリギリス特有で、聞いていて面白いのですが、よく聞いていると、中にはこの連係プレーを乱すものが現れてきます。チョンの合図のあと、鳴く順番がきても、いつものように鳴かない個体がいるのです。まるでサボっているかのようです。このようなことにも注意して観察するのも楽しいと思います。

【昼間の採集方法】

網で捕る

ごくふつうに網を上からかぶせて捕ります。このシンプルな方法が意外にも、やり方によっては効果的です。

採集方法よりももっと大切なのは、捕りやすいポイントを見つけることです。草の背丈《せたけ》ができるだけ低い方が捕りやすいと思いますが、二〇～三〇センチ以下のあまりにも低い草むらにはキリギリスは少ないと思います。かといって背丈の高い草原での採集は困難をきわめます。キリギリスは危険を感じると、すぐに草の下の方に逃《に》げ、地表までもぐりこみ、行方不明になってしまうからです。一メートル程度の草むらがねらい目です。

昼間、鳴き声をたよりにできるだけ近づきます。比較的大きな、よく通る鳴き声なので、わりあい遠くからでもわかります。近づいて鳴いているところを見つけるというよりも、足もとから逃げだすところを発見するというイメージです。

素早く網を上からかぶせるか、状況に応じてスウィーピングします。草の先端《せんたん》部分にいる場合はスウィーピング、草のやや下にもぐりこんでいる場合は、網を上からかぶせると同時に足で草を網の中に蹴《け》るようにして網に追いこんで捕らえます。

キリギリスは大型種のわりに大変敏捷《びんしょう》です。オスはなおさらです。ですから、逃げる様子をよく見て、瞬時《しゅんじ》に次の動きを判断しなければ

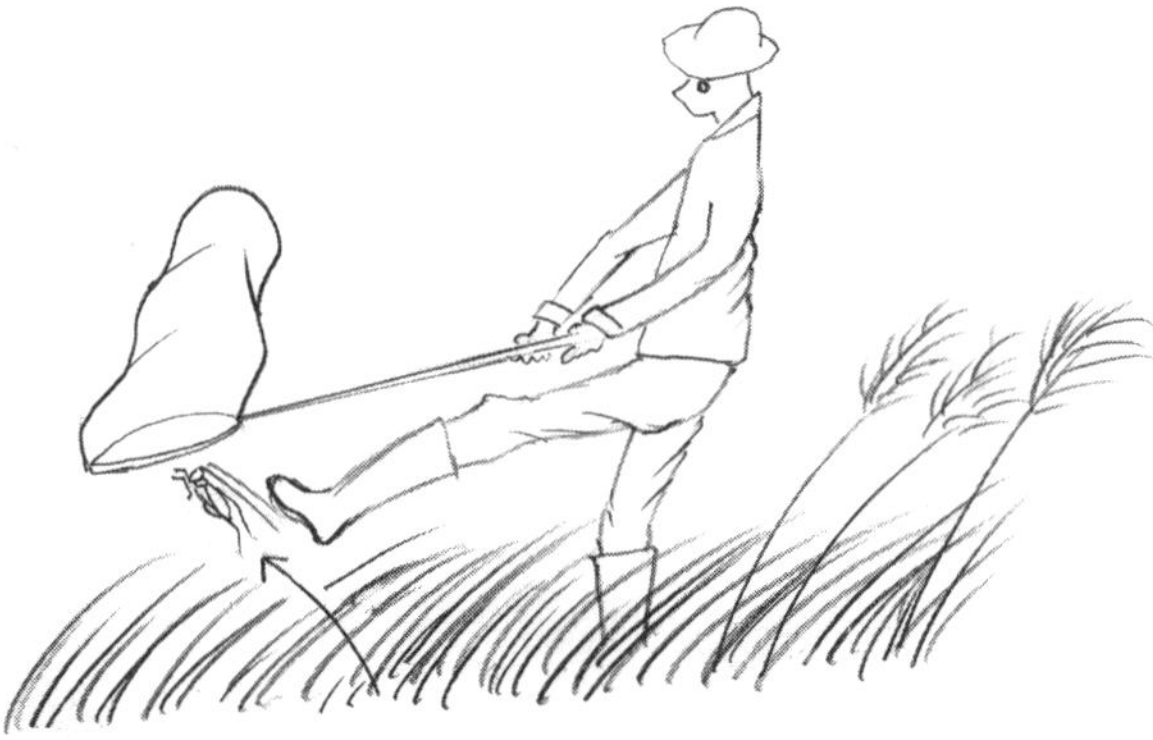

網をかぶせるだけでは入らないことがあるので、蹴って追いこむ

ばなりません。これは経験を積むしかありません。何度も失敗を繰り返していくうちに上達していきます。

また、キリギリスのアゴは強力で噛《か》まれると痛いので、手づかみする場合はくれぐれも注意してください。

【タマネギ採集法】

昔からよく知られているキリギリスの採集方法です。

網の柄《え》や竹竿《たけざお》などの先に、適当な大きさに切ったタマネギを取りつけて、キリギリスの口もとに近づけて食べさせ、警戒心《けいかいしん》が弱くなったところで、網をかぶせて捕ります。

タマネギ竿の作り方

網の柄や竹竿、または棒のようなものを用意します。短すぎるとキリギリスに接近しにくくなるので、目安として一・五〜二メートルくらいの長さがよいでしょう。

竿の先端に釘《くぎ》をビニールテープなどで巻いてくくりつけます。簡単に外れ

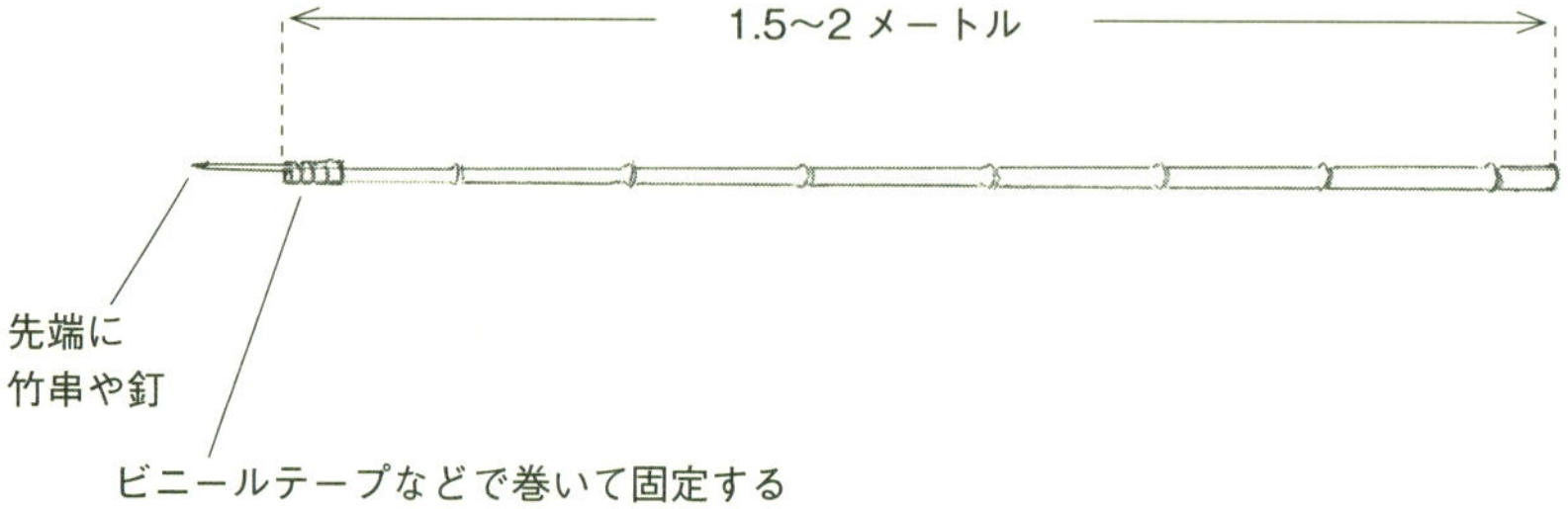

キリギリス釣りに使うタマネギ竿の作り方

ないようにしっかりと固定してください。大きめの釘（五寸釘）の方が、タマネギを刺《さ》しやすくて安定します。適当な釘がない場合は、調理用の竹串《たけぐし》でもかまいません。

次に、適当な大きさに切ったタマネギを釘に突き刺します。タマネギの大きさは五〜七センチ四方程度がいいでしょう。

注意点は、竿の先端の釘をしっかりと固定することです。もしゆるんでいると不安定で、失敗しやすくなります。

タマネギ竿を使う採集法

まず、キリギリスを見つけます。鳴き声のする方に、ゆっくりゆっくり静かに近づいて行きます。音を立てないように注意しながら静かに近づかないと、すぐに逃げられます。ある程度の距離に近づいたら鳴いているキリギリスを見つけることができると思います。

見つけたら、タマネギ竿の先端のタマネギを静かに慎重《しんちょう》にキリギリスの口もとに近づけます。そうするとキリギリスが口ひげをもぞもぞ動かしはじめ、前脚を動かしながら、ゆっくりとタマネギの上にのってきます。キリギリスがタマネギに完全にのったところで竿をそっと静かに持ち上げて、近く

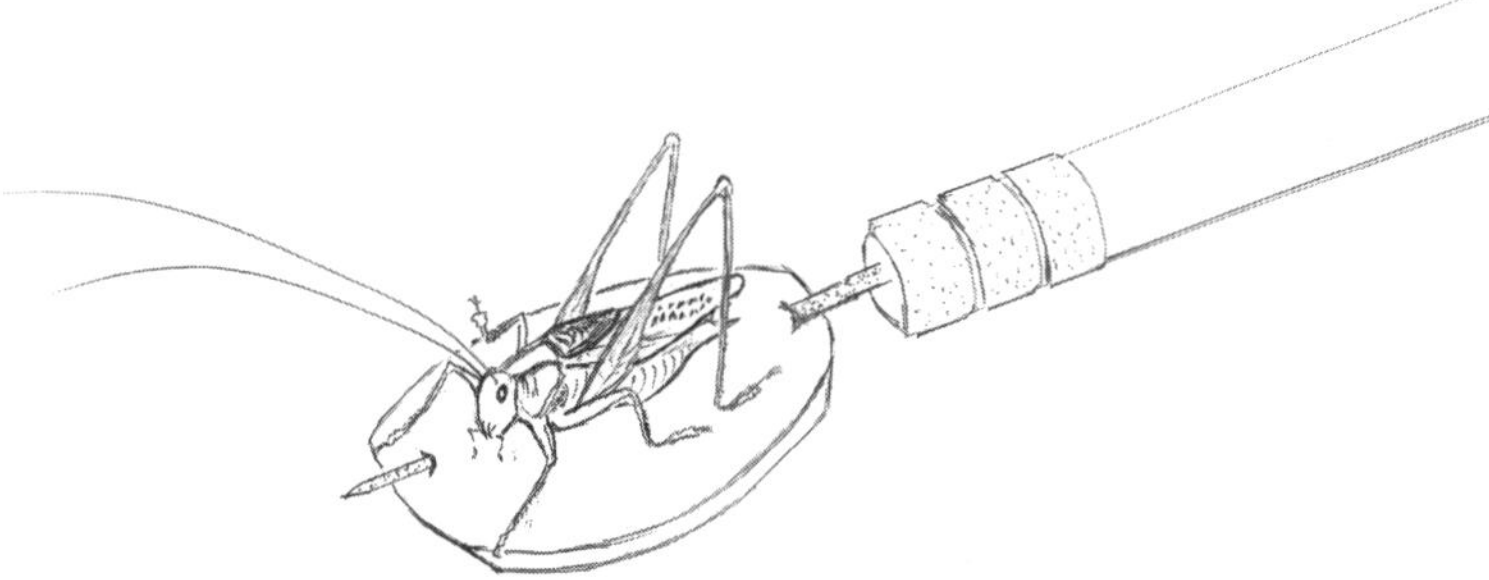

タマネギの上に完全にのったら、そっと持ち上げて、近くの空き地などで網をかぶせて捕る

の空き地や道などの開けたところの地表に置き、キリギリスに網をかぶせて捕らえます。

これは直翅目《ちょくしもく》に共通なのだと思いますが、キリギリスは食べる時に若干警戒心がゆるみます。地面の上に竿を置いても、タマネギを食べることに夢中になっているので、あわてずに落ち着いて網をかぶせます。多くはありませんが、中には異変を感じてか、急に一目散に草むらに逃げる場合もあることを頭に入れておいてください。

この採集方法で細心の注意が必要なのは、キリギリスの口もとにタマネギ竿を近づける時です。この時に驚《おどろ》かさずにうまくタマネギにのせることができればもう捕れたようなもので、ここから逃げられる確率は低いと思います。

なお、アプローチに失敗して逃げられた場合ですが、キリギリスは跳躍力《ちょうやくりょく》があるので、あっという間に草むらにもぐりこみ、地表でじっと息をひそめるように隠《かく》れています。草の上から下の方に逃げたキリギリスはたいてい、あまり離れていない地表で動かずにじっとしているので、根気よく、逃げた付近の地面を探すと見つけられる場合もありますが、慣れないと難しいでしょう。

また、タマネギ竿を引き上げる間合いも大切なポイントです。キリギリスがタマネギに完全にのった場合は運びやすく、成功する確率も高くなりますが、完全にのっていない場合は、失敗する確率が高くなります。これらのタイミングは経験を積んでいくしかないと思います。慣れてくれば、タマネギに半分くらいしかのっていなくても、竿をゆっくりとうまく調整しながら引き上げることができるようになります。

タマネギ竿をあつかう時は、竿の先端の釘に、十分注意してください。

【夜間の採集方法】

キリギリスと言えば夏の炎天下《えんてんか》の草むらで鳴いている、そんな印象が強いせいか、ほとんどの人は昼間、採集するのではないでしょうか。しかし、意外に思われるかもしれませんが、じつはこの夜間の採集が一番簡単なキリギリスの採集方法なのです。

昼行性のため、夜間は草の上であまり動かずにじっとしています。昼間の採集では、キリギリスを見つけてもすぐに逃げられてしまいますが、夜間にキリギリスを見つけたら、まず逃げられることはないと思います。

ただしこの方法は、昼間キリギリスの鳴いている場所を覚えておくことが大前提です。これをしないで、いきなり夜の草むらに行っても右往左往するだけです。

もう一つの注意点は、草むらには意外と危険な場所がたくさんあることです。ため池、用水路、小さな沼など、危険がいっぱいです。思わぬケガや大事故を未然に防ぐためにも、必ず最低一度は昼間に行って、現場の周辺の状況を確認しておいてください。

また、マムシやヤマカガシなどの毒蛇《どくへび》には十分注意してください。

昼間に状況確認ができたら、夜間に採集に行きます。時間帯による差は特にありません。昼間鳴いていた付近をヘッドライトなどで照らしてみてください。動かずに、じっとしているキリギリスを見つけることができると思います。

捕り方はカップ採集法が一番簡単です。夜はカップをそばに持っていっても、まったく逃げようとしません。ですから、あわてず落ち着いて、そっと静かにカップではさみこむようにして捕ります。カップに入った瞬間、ようやく異変に気づいたキリギリスが、カップの中で激しく暴れるので、カップ本体と蓋《ふた》の隙間《すきま》から逃げられないように注意してください。

この夜間採集を一度でも経験すると、昼間とちがってキリギリスは夜間の動きが鈍《にぶ》いことに気がつくと思いますし、夜の方が捕りやすいことを実感すると思います。

【メスの採集方法】

キリギリスのメスは、深い草むらで鳴いていることが多いオスにくらべると採集しやすいでしょう。オスよりもやや警戒心が弱く、動きも多少鈍いこと、またオスよりも比較的、背丈の低い草むらにいることが多く、道ばたなどに出ている場合もある、という二つの理由からです。

メスはオスの近くにいます。これは直翅目に共通するのですが、メスはオスの鳴き声に引き寄せられるからです。メスの採集方法はこの習性を利用します。

まず、昼間にキリギリスのオスが鳴いているあたりを探します。探しながら歩いているとメスが草むらから飛び出してくるので、網を上からかぶせるようにして捕まえます。

背丈の低い草むらから、やや背の高い草むらに逃げたメスを捕る場合は、網を上からかぶせると同時に、足で草を蹴り上げるようにして網の中に追いこみます。網をかぶせただけではまだ網に入っていないことが多いので、最後の仕上げをするわけです。コツは、キリギリスを網の中に追いこむイメージで、草むらの下から網のある上の方に向かって、草を蹴り上げるようにすることです。

【飼い方】

飼育環境

キリギリスの飼育は簡単です。極端なことを言うと、虫かごに餌を入れておけばよいだけですが、飼育ケースなどで飼育した方が長く楽しめます。

飼育ケースの底に園芸用の土などを三～五センチ程度入れます。園芸用の土は化学肥料の入っていないものを選びましょう。そこにクズなどの葉を適当に入れてください。キリギリスは、その葉の上にのって鳴きます。葉は枯《か》れても問題ありませんが、時々交換してあげてください。

餌

いろいろな野菜類を食べますが、キュウリ、ナス、タマネギなどがよいでしょう。真夏の高温時は、キュウリの傷みが早いので、日持ちするタマネギをおすすめします。実験的にいろいろな野菜類をあたえてみるのもよいと思います。

また、水分補給用にコケ水（⇩45ページ）を入れましょう。ただし、真夏の高温時は水が腐《くさ》ることがあるのと、大型種のため糞《ふん》で汚《よご》れる場合もあるので、三〜四日に一回は様子を見て交換してください。

また、市販のスズムシの餌（粉末）や煮干《にぼ》しなど、動物質の餌を必ずあたえます。ミルワーム（⇩49ページ）でも結構です。

キリギリスはオスの単独飼いがおすすめです。一つの飼育ケースに複数頭入れて飼育すると、共食いをするからです。意外に思われるかもしれませんが肉食性も強いのです。例えば、大きめの飼育ケースでも一〇頭のキリギリスを詰めこむように入れると、その瞬間から共食いが始まります。

野外で採集中に、キリギリスがコオロギやバッタなどを捕らえて食べているのを何度か見ました。マツムシ採集の際、キリギリスのオスがマツムシのオスを捕らえて食べているのを見たこともあります。

COLUMN 3

電車をとめてしまったキリギリス捕り

私が小学校四年生くらいの時の体験談です。

三つ年下の弟を連れてキリギリスを捕りに行きました。大阪府北東部の、当時の国鉄片町《かたまち》線の線路ぞいにクズが茂《しげ》っていて、そこにたくさんのキリギリスが鳴いていました。採集に没頭《ぼっとう》していて、しばらくたった時のことです。すぐそばで突然電車がとまったのです。そして一～二分後、すぐに発車しました。

何が起こったのか、なぜ電車がとまったのか、当時はよくわかりませんでしたが、数年後、やっと気づいて大変申し訳ないことをしたと思いました。もちろん線路内にはいっさい立ち入っていませんでしたが、線路ぞいに二人の子どもがいたので、電車の運転手が危険を感じて私たちの横でとまってくれたのだと思います。

当時は単線からやっと複線化されたばかりで、天井、床《ゆか》、窓枠《まどわく》など、内側全部が木製、骨組みや外板は鋼鉄の、半鋼製車体のクモハ31という形式の電車が五両編成でのんびりと走っていた時代で、その周辺には見渡すかぎり田園が広がっていました。晩秋のころ、渡って来たばかりのツグミが二〇〇～三〇〇羽の大群をなして付近の柿の木に集まっていることもあり、まだかなり自然が残っていました。

よく弟や妹を連れて昆虫採集をしたものです。

私の姿が見えなくても、帰ってきたことがすぐにわかると、母がよく言っていました。私がしょっちゅうセミを手にしながら帰ってくるので、鳴き声でわかるのだということでした。

そんな懐《なつ》かしい思い出がたくさん残っているところですが、今から四〇年前にその沿線の六つ先の駅に引っ越しました。その後、今でも時々電車でその付近を通るたびに気になって窓から眺《なが》めるのですが、風景は大きく様変わりしていて、宅地化が進み、当時の面影《おもかげ》はあまり残っていません。ただ、その線路ぞいのクズ原はまだ残っているようなので、いつの日かキリギリスの消息を訪ねてみたいと思います。

COLUMN 4

ユースホステルでの夜の出来事

今から四三年前の真夏の出来事です。

私が中学校二年生の夏休みに、宮崎県の母の実家に兄弟四人で帰省した時、夜間、庭で大きな声で鳴く虫がいました。クツワムシでした。じつはそれまで図鑑でしか見たことがなかったのですが、鳴き声ですぐにクツワムシだというのがわかりました。早速、懐中電灯《かいちゅうでんとう》を借りて庭に出て、鳴き声のする方を照らしてみると、里芋の葉の上でクツワムシが鳴いていました。はじめて見るクツワムシはとても大きくて、鳴き声とともに迫力があり、胸が高鳴ったことを今でも鮮明《せんめい》に覚えています。手づかみで捕らえて、虫かごに入れました。

その日は夕食をとってすぐに寝ることにしました。寝ている部屋の隣《となり》が馬小屋で、夜中にジャーという大きな音で目が覚め、突然雨が降ってきたのかと思ったら、なんと馬の小便の音だったのです。そのくらい大きな農家の家だったので、クツワムシがいるくらい広い庭だったのだと思います。

翌日、鹿児島県に桜島を見に行きました。もちろんクツワムシを入れた虫かごも持参しました。その夜、ユースホステルに宿泊することになったのです。二段ベッドがいくつか設置されている部屋で、私たち以外の人たちも同室でした。消灯時間になり寝ることにしたのですが、なかなか寝つけません。そしてしばらくすると突然、ガチャガチャ……とクツワムシが大きな声で鳴き始めたのです。これはまずいと思ってすぐに明かりをつけ、クツワムシの虫かごを部屋の外に移しました。

同室の人たちに、クツワムシが鳴いておさわがせしましたと、すぐに謝りました。すると意外な言葉が返ってきました。今のは、クツワムシですか？　ネズミが何かをかじっている音だと思いました、と言うのです。そして、何事もなかったように全員床《とこ》に就《つ》いたのですが、クツワムシの声が、まさかネズミのかじる音にまちがえられるとは、思わず苦笑してしまいました。

今でも、隣の部屋でクツワムシが鳴いていると、ユースホステルでの出来事がよみがえってくることがあります。

クツワムシ

本州、四国、九州、隠岐《おき》、対馬《つしま》に分布しているキリギリスの仲間です。

体長三三～三六ミリ内外（翅《はね》の端《はし》までだと五〇～五四ミリ）と大型。立派な大きな翅を持ち、後ろ脚も長くてがっしりした体型で、大変存在感があります。体色は褐色《かっしょく》型と緑色型の二種類ですが、それぞれ個体によって濃淡《のうたん》に差があり、まれに緑褐色型という中間型のような個体もいます。

林縁《りんえん》部の草むらに多く、林からかなり離れた草原や、森林に少し入ったところに生息している場合もあります。池の土手や周辺、河川敷《かせんじき》などにも多い傾向があります。植物群落などの環境によって密度差が著《いちじる》しく、林縁部ではかなり密度が高い場合があり、林内や林から離れたところではポツンポツンと点在しているという感じです。マメ科植物を好むので、これらが密生しているところに多く、クズ原にもたくさん棲《す》んでいます。

上：オス　下：メス

私が毎年採集に行っているポイントには、三メートル四方に一〇頭以上くらいの、かなりの密度で生息しています。調べてみると、焼き畑ではないのですが、毎年晩秋ごろに草原を焼き払っていることがわかりました。このようにクツワムシはまったくの手つかずの自然よりも、何らかの形で少し人の手が加わっているところの方に多いのかもしれませんが、どのような関係があるか、今後の調査を要します。

ガチャガチャ……と大きな声で鳴きます。この音量は、キリギリスの比ではなく、かなりの大音量です。キリギリスが六月下旬ごろから鳴きだすのに対して、クツワムシは八月上旬ごろに鳴きだすため、キリギリスは夏の鳴く虫、クツワムシは秋の鳴く虫と言えるかもしれません。

八〜九月上旬ごろのクツワムシはじつに軽快で、ガチャガチャ……と大音量です。私が毎年採集しているところには、うるさいくらいたくさんいます。しかし、本当にうるさいと感じたことは一度もありません。逆に、今年もクツワムシを楽しむことができると思って安心するくらいです。

一〇月中旬ごろまで鳴いていますが、九月中旬以降くらいからしだいに弱々しい鳴き声に変化していきます。中秋のころは気温が低くなるので、ゆっくりした感じで音量も小さくなって、わびしさを感じさせます。

クツワムシは、精悍《せいかん》な容姿、迫力ある鳴き声が魅力《みりょく》の、飼いやすくてじょうぶな鳴く虫です。私も毎年欠かさず飼育していますが、美しいフォルムや、大きな翅を激しく動かしながら鳴く躍動感《やくどうかん》のある勇ましい姿など、こたえられません。

【夜間の採集方法】

夜間のオスの採集方法

クツワムシは夜間大きな声で鳴くので、生息地さえ見つけることができれば、ほかの鳴く虫よりも比較的、採集しやすいと思います。ですから、まずは生息地を発見することから始めましょう。

ただ、キリギリスほど普遍的《ふへん》ではなく、同じような環境でもいるところといないところがあります。そのため本種は準局地的と言えるかもしれません。

私が行っているクツワムシのポイント発見方法を紹介《しょうかい》します。

夜間の採集へは車で行くのですが、わざと遠回りして、ふだんあまり通らないところを通ってみるのです。クツワムシの鳴き声はとても大きいので、少し離れていてもすぐにわかります。電車に乗っていてもわかるくらいです。この方法でポイントを数カ所見つけることができました。

ただし、鳴き声に気を取られて、わき見運転などはもってのほかです。自動車の運転には十分注意してください。

鳴いているクツワムシ

めぼしいところを見つけたら、昼間下見をしておいて夜間行ってみます。

生息場所が確認できたら、鳴き声をたよりにできるだけ近づいて行きます。夜間は、地上三〇センチ～一メートル前後のところで鳴いていることが多いようです。ヘッドライトで照らしても、わりと平気で鳴き続けるので、網に追いこんで捕ります。

ちなみに私はクツワムシ採集の場合、網は使いません。すべて手づかみです。じつはクツワムシのほかにマツムシもほとんど手づかみで捕っています。しかし、この方法は少し経験が必要と思われますので、初心者は網で捕る方がよいと思います。

手づかみの場合は、つかみ方が弱いと逃《に》げられるし、強くつかもうとすると片脚が取れてしまうことがあります。直翅目《ちょくしもく》の昆虫のほとんどは脚がとても取れやすく、力加減が結構難しいのです。

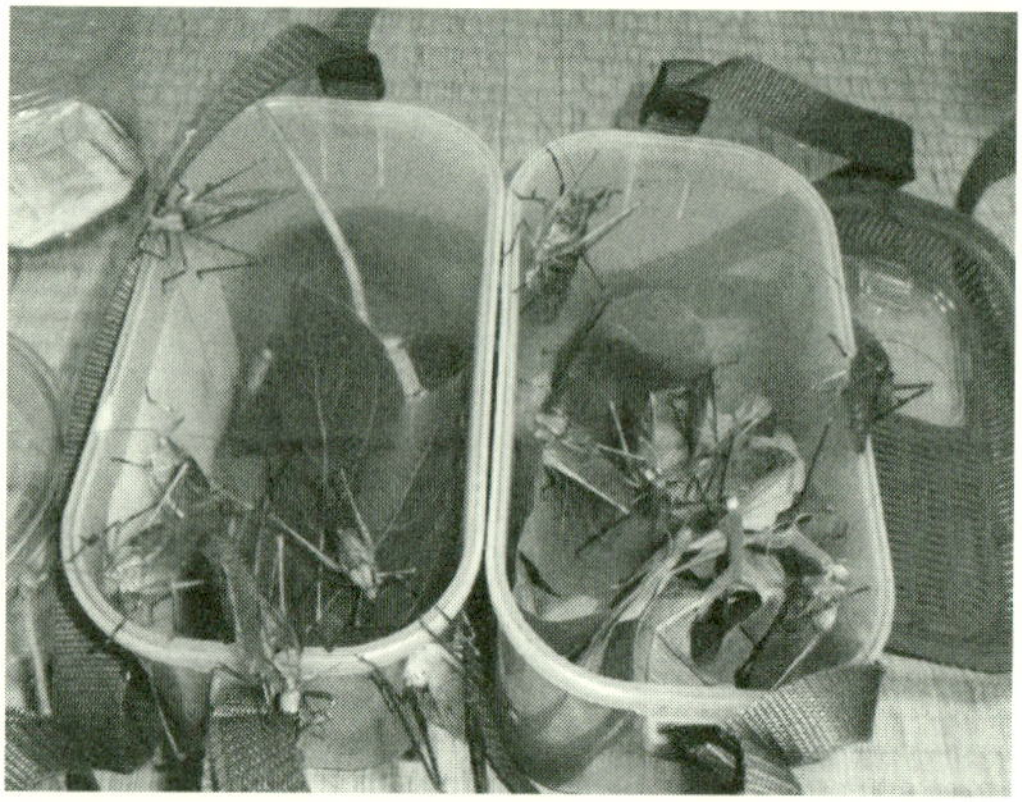

採集してきた直後、携帯用飼育ケースから出しているところ

夜間のメスの採集方法

クツワムシのオスはよく捕れるけれどメスが捕れない。どうやったらメスを捕ることができるのですか？とよく聞かれます。確かにクツワムシのメスは鳴かないので、大きな声で鳴いて、いる場所を教えて

くれるオスとくらべると、採集は難しいかもしれません。しかし、メスも根気よく探せば採集できるようになるでしょう。

オスの周辺をよく探してみてください。多少の根気が必要ですが、集中力をもって探せばメスを見つけることができると思います。私は一メートル四方でメスを三頭くらい捕ったことが何度もあります。

もう一つのコツは、背丈《せたけ》のごく低い草地をねらうことです。あまり手入れをしていない芝生《しばふ》のような感じの草むらです。このようなわずかな背丈の草むらにメスがいることがあります。これは産卵に来ているものと思われますが、その場合は背丈のある草むらでオスの近くにいるメスよりも、若干、動きが鈍《にぶ》いので捕りやすいと思います。見つけたらカップで捕ります。そして、一頭見つけると、すぐ近くにまた見つかることがあるので、付近を注意して探してみてください。

初心者は、最初のメス一頭を捕るのが大変だと思います。しかし、一頭捕ることができれば何となくメスの採集方法を感覚的につかむことができるでしょう。

ただし、来年以降も安定して採集できるように採集する数を調整しましょう。鳴く虫の採集すべてに言えることですが、調整は必ずしないといけません。そうしなければ、その場所の生息数が減少してしまいます。

クツワムシは、飛んで長距離移動することもできないし、環境の変化に対する適応力が弱いため、あまりたくさん捕りすぎないようにしてください。特にメスは、累代飼育が目的でないかぎり、見つけても捕らずに残しておくことが大切です。

【昼間の採集方法】

昼間のオスの採集方法

クツワムシは夜、採集するものと思っている方が多いのではないでしょうか。あの大きな鳴き声で居場所を教えてくれるのですから、夜、採集する方が確かに簡単だと思います。しかし意外にも昼間採集することもできるのです。夜間の採集よりもかなり難しいのは事実ですから、何らかの事情で夜間採集に行けない場合などに試してみるのがよいと思います。

ただし、これは当然のことながら、生息場所を確認してあることが前提です。いきなり昼間採集に行っても、ポイントを発見するのはほとんど無理でしょう。

クツワムシは昼間はほとんど鳴かないので、こちら側からアクションを起こす必要があります。昼間は、草の根もと付近にいることが多いので、草をかき分けながら草の根もと付近をたんねんに探します。また、昼間でもたまに短くほんの一瞬《いっしゅん》だけ鳴くことがあるので、それを聞き逃《のが》さず、その周辺を探してみてください。見つけたらカップで捕るか網に追いこんで捕りましょう。

季節的に暑さとの戦いになると思いますので、必ず帽子を着用して、水分補給をするなど熱中症対策をしっかりと行ってください。

昼間のメスの採集方法

前述の草をかき分ける方法でもメスが捕れると思いますが、それ以外の採集方法も紹介します。

比較的背丈の低い草地を探します。高さ三〇センチ以下の、低い草が生えているような草むらがよいと思います。このような草むらで、足を踏《ふ》みならすようにして歩いていると、足もとからクツワムシのメスが勢いよく飛び出てくることがあるので、そこを網で捕らえます。

昼間は、クツワムシのメスはオスよりも、どちらかと言うと低い草地にいる場合が多いようです。

【飼い方】

飼育環境

クツワムシは大型種のため、大きめの飼育ケースで飼育します。

底に園芸用の土やスズムシ用の土などを五～八センチ程度入れます。その上にクズの葉を多めに入れてください。クズの葉は、隠《かく》れ家《が》と餌の両方をかねています。昼間はクズの葉の下などに隠れてじっとしていて、夜になるとクズの葉の上で鳴きます。

クツワムシは口から茶色い水分を吐《は》き出して、飼育ケース内を汚《よご》します。余分な水分を体外に出しているのだとも言われますが、汚れはこまめに掃除《そうじ》するしかありません。

餌

餌はクズの葉がよいでしょう。新鮮《しんせん》なクズの葉が好きで葉脈から茎《くき》まで食べます。食べる量の目安は、クズの葉の大きさにもよりますが、一日に小さめの葉で二～三枚、大きめの葉で一枚くらいです。毎日交換してください。

クズの葉以外にも、マメ科植物の葉っぱなら何でも食べます。ツユクサもよく食べますので、時々入れてあげましょう。

これらの新鮮な葉を入手するのが困難な場合は、野菜類で代用できます。ナスやキュウリなどをよく食べます。

また、枯《か》れ葉も時々食べるのであたえてあげてください。これはクズの葉ではなく、広葉樹の葉の方がよく食べると思います。サクラ、エノキなど落葉広葉樹の葉なら何でもかまいません。

忘れてはならないのが動物質の餌です。煮干《にぼ》し、市販のスズムシの餌（粉末）、すり餌（五～六分、なければ四分でもよい）（⇩48ページ）などをあたえてください。キリギリスにくらべるとあまり起こりませんが共食いもするので、動物質の餌をあたえれば、多少は

大好物のクズの葉を食べるメスのクツワムシ

共食いをおさえることができると思います。

葉や野菜類などから水分を補給しますが、三～四日に一回くらいの割合で、軽く霧吹《きりふ》きなどで水分をあたえてやると喜んで水をなめます。霧吹きが直接かかると嫌《いや》がるので注意してください。

また、クツワムシは、ほかの個体の翅をかじる習性があるので注意してください。多頭飼育している時に観察していると、背後から近づき翅をかじっていきます。かじられる個体もわりと平気でじっとしていることが多く、逃げ出すまでかじり続けるのでやっかいです。これを繰り返すので、翅は徐々にボロボロになっていきます。脚をかじってもぎ取ることもあります。

クツワムシにはこのような困った習性があるので、累代飼育が目的なら仕方ありませんが、一つの飼育ケースで多頭飼育するのはおすすめしません。

累代飼育

前述の飼育方法に準じてセットしましょう。

本種は大型のため、特大の飼育ケースが必要です。大型であることと、産卵数を考えると、オス・メス一ペアを飼育すれば十分ですが、一つのケースにオス二頭、メス二頭前後でもかまいません。

早ければ九月下旬ごろにメスが産卵管を土に差しこみ産卵します。ケースの端に多く産卵するので、卵をよく確認することができます。本種の卵は大きく、長さ八ミリほどもあります。個体差や飼育条件にもよりますが、一頭で一〇〇～一五〇個くらい産みます。

シーズン終了後、死骸《しがい》や餌入れなどを取り除き、土の上にビニールをかぶせてそのまま卵を越冬させます。直射日光が当たらず、氷点下など極端に気温が下がらないような場所に置くとよいでしょう。三月に入ってから霧吹きを始めます。毎日、ビニールをとって霧吹きをして、またビニールをかぶせます。五月ごろにビニールを取り除き、引き続き霧吹きをしていると、五月下旬～六月上旬ごろに幼虫が孵《かえ》ります。

幼虫にはキュウリ、ナスなどの野菜と、市販のスズムシの餌（粉末）または野鳥用のすり餌（五～六分）をあたえます。

また、クズを茎ごとたくさん飼育ケースに入れてください。これは餌にもなるし、脱皮する時の土台にもなります。

クツワムシは植物の枝や茎などにつかまり、ぶら下がりながら脱皮します。クズのつると葉を挿し木したり、長めのクズのつるや茎の切り口を水で湿《しめ》らせたティッシュペーパーで包み、ビニール袋でおおって輪ゴムなどでしばり、カップや瓶に入れて、土の上に置くのもよいでしょう。

このように幼虫の飼育を続けると、脱皮を繰り返してどんどん成長していきます。

クツワムシの累代飼育の最大の問題は脱皮障害です。特大の飼育ケースが

終齢幼虫。あと１回脱皮すれば成虫になる

産卵中。土に産卵管を差しこんで卵を産む

必要なのはこの問題があるからで、脱皮を行うための十分な空間を確保しなくてはなりません。ケースの蓋《ふた》の天井部分で脱皮することも多いので、その下方向に二〇〜三〇センチの垂直の空間が必要です。これが確保できないと終齢《しゅうれい》幼虫が成虫になる時の最終脱皮で失敗する確率が高くなります。クズの茎などの下の空間も同様です。脱皮に失敗すると、翅はヨレヨレ、脚は曲がりくねり、見るにたえないとてもかわいそうな姿になってしまいます。ですから、この飼育環境を用意できない場合は、累代飼育はおすすめできません。

COLUMN 5

羽ばたくクツワムシ

クツワムシを捕って帰宅したあとの、少しめずらしい出来事です。

一ケースに一〇頭くらいずつ三ケースに分けて、合計三〇頭前後を捕ってきた時です。それを一ケースずつあけていくと、中からぞろぞろとクツワムシが出てきます。その中に翅《はね》を全開にして勢いよく羽ばたく個体がいました。まるで小鳥が止まり木の上で羽ばたいているかのようでした。理由ははっきりわかりませんが、せまいところから広いところへ出られた解放感から、このような行動に出たのかもしれません。

また、飼育ケースの縁《ふち》をかじる個体もいます。塩ビ系、プラスチック系の物質は自然下には皆無です。だからものめずらしいのか、一生懸命かじります。これはキリギリスやほかの直翅目《ちょくしもく》にも見られる行動です。かじっている間は警戒心《けいかいしん》がかなり弱くなり、しばらくかじり続けて逃《に》げようとしないので、その個体はしばらくそのままにしておいて、その間にほかの個体を飼育ケースにどんどん入れ、移すのを完了させます。

このかじる行動をとるクツワムシは比較的多いのですが、羽ばたく個体は一日に一回見られるかどうかです。

一度採集している時に、警戒心のあまりないメスを見つけたので撮影《さつえい》しようとカメラをかまえていた時に、羽ばたいたことがありました。急だったこともあり撮影は失敗しましたが、本当に気持ちよさそうに羽ばたいていました。

クツワムシよ、今日も羽ばたけ。

ウマオイ
（ハヤシノウマオイ／ハタケノウマオイ）

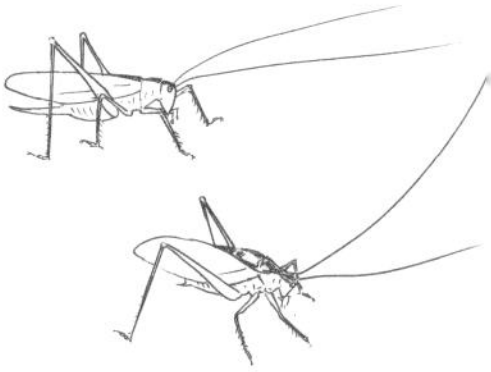

本州、四国、九州に分布しており、各地の林縁《りんえん》部周辺のマント群落（⇩81ページ）などにふつうに見られます。

スィーチョン、スィーチョンとリズミカルに繰り返して鳴きます。体色はあざやかな緑色で、頭部の上から前胸と翅《はね》の上部にかけて褐色《かっしょく》です。七〜一〇月に発生します。

昔は分けられていませんでしたが、近年、ハヤシノウマオイとハタケノウマオイの二種が存在することがわかりました。

ハヤシノウマオイはゆったりと、スィーチョン、スィーチョンと鳴きますが、ハタケノウマオイはややいそがしく、スィッチョ、スィッチョという感じで鳴きます。リズミカルに鳴くので、飼って鳴かせることができれば面白いと思います。

容姿はクツワムシの弟分のような感じですが、クツワムシよりずっと小型で、体長二〇〜二七ミリ内外と、キリギリスの仲間では小型の部類です。また、肉食でほかの昆虫を捕らえて食べます。

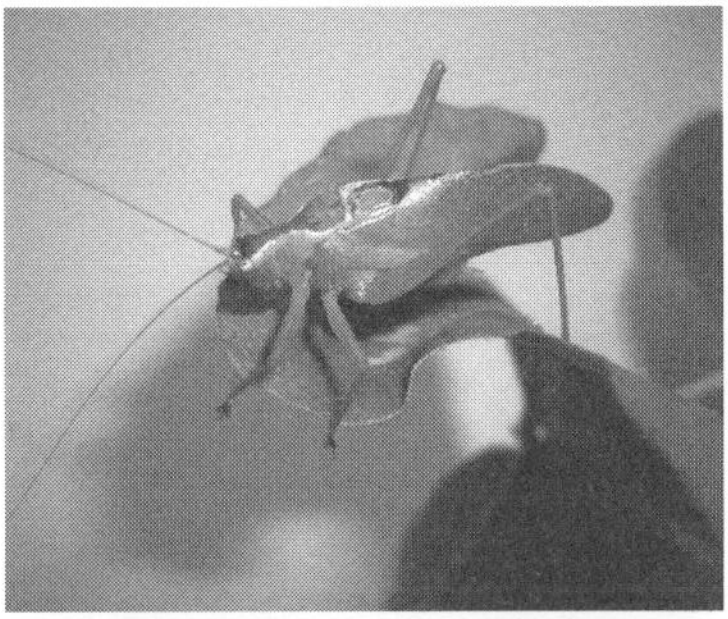

ハヤシノウマオイ　上：オス　下：メス

ハヤシノウマオイは林縁部付近の草地や河川敷《かせんじき》などに、ハタケノウマオイは少し開けた草地などに多いと思われますが、河川敷などでは両者が生息している場合もあります。

両者は容姿も生息環境もほとんど同じで見分けにくく、大変まぎらわしいので鳴き声で判別するしかありません。

鳴き声だけは明確にちがうので、オスは何とか音色で識別できますが、メスはやっかいです。ほとんど同じような容姿なので区別がつきません。

そのため、交尾《こうび》しているところを採集するとか、オスがメスにアプローチしているところを採集するとまちがいがないと思います。

【ハヤシノウマオイのオスの採集方法】

ハヤシノウマオイは、非常に警戒心《けいかいしん》が強く、きわめて敏捷《びんしょう》なので、採集は難しい部類に入ります。昼間でも採集できますが、夜間の方が採集しやすく、鳴き声からハタケノウマオイとの区別もしやすいので、夜間採集した方がよいと思います。

林縁部周辺の草地などで鳴いているところを捕らえます。樹上性のため、草の上や、低木の上で鳴いていることもあります。マント群落では深い藪《やぶ》の中で鳴いているので、採集は困難でしょう。

捕り方のコツですが、まずハヤシノウマオイが鳴いている付近の道を歩きます。そうすると、時折、道ばたに出てきて低い草にとまって鳴いていることがあります。それが一番採集しやすいチャンスです。

鳴き声をたよりにできるだけ近づいてください。大きな音を立てたり、ヘッドライトで照らしたりすると、鳴きやんで、すぐに逃《に》げてしまいます。ウマオイはこのように警戒心が強いので、できるだけ静かに、そっと近づきます。

見つけたら、カップで素早くはさみこむようにして捕らえます。本種は飛ぶので、網の中に追いこんで捕らえようとすると、飛び跳《は》ねたり、飛翔《ひしょう》したりして、一瞬《いっしゅん》で逃げられてしまいます。カップの方が捕りやすいでしょう。

木の上にいる場合は、トゲのある植物に注意して軍手をした手で網に追いこんだり、草の上の場合はスウィーピングまたは網追いこみ採集法で捕らえるのがよいでしょう。ハヤシノウマオイは、網に入ってからどんどん上の方に這《は》い上がってくるので、網で捕らえた時は注意が必要です。

どちらかと言うとハタケノウマオイよりもハヤシノウマオイの方が多いと思うのですが、クヌギなどの樹液をなめに来ていることがあります。警戒心がやや弱くなっているため、見つけたらあわてず、網に追いこんで捕らえます。

肉食でアゴの力が強いので、手づかみは厳禁です。噛《か》まれるので注意してください。

【ハタケノウマオイのオスの採集方法】

その名のとおり、草原に生息しています。ですからハヤシノウマオイよりも若干捕りやすいと思います。河川敷の堤防付近や、池の土手の草むらなどでねらいます。動きは、ハヤシノウマオイ同様、非常に敏捷です。採集方法はハヤシノウマオイに準じてください。

【メスの採集方法（ハヤシノウマオイ／ハタケノウマオイ）】

ハヤシノウマオイもハタケノウマオイも、メスは同じ要領で採集します。夜間ウマオイのメスは、意外と低い草地など開けた場所に出てきていることがあります。産卵の目的で来ているのだと思われます。このため、常に深い藪で鳴いているオスにくらべると、メスの方が採集しやすいでしょう。また、メスの方がオスにくらべると動きが少し鈍《にぶ》い傾向にあるので、余計捕まえやすいと思います。

コツは、ウマオイのオスが鳴いている付近で、できるだけ背丈《せたけ》の低い草地を探すことです。ヘッドライトで照らすと、メスが数頭集まっている場合もあります。二頭同時に入りそうな時は素早く網に追いこむようにして、一頭のみの場合はカップで捕ります。

この場合、近くで鳴いているオスの鳴き声で、ハヤシノウマオイかハタケノウマオイかを判断するしかないと思いますが、確実なのは交尾中またはオスがメスに求愛中に採集することです。

【飼い方】

飼育環境

特に土は必要ないので、飼育ケースの底に新聞紙などを敷《し》くだけでよいでしょう。中にクズなどの葉を多めに入れてください。クズの葉は、水を入れたカップや瓶《びん》などにさしておくと、少し長持ちします。枯《か》れてきたら、時々新鮮《しんせん》な葉と交換します。

ウマオイは夜行性で、昼間はクズの葉の陰《かげ》に隠《かく》れてじっとしています。虫を落ち着かせるためにも、クズの葉は多めに入れてあげてください。

餌

肉食ですが、市販のミルワーム（⇩49ページ）で簡単に飼うことができます。ミルワームにはジャンボミルワームと、ふつうのミルワームの二種類あります。ウマオイの場合はふつうのミルワームが適しています。幼虫のミルワームも成虫のミルワームも食べるので、幼虫と羽化《うか》させた成虫の両方をあたえてください。

飼育ケースの中に入れると、ウマオイはミルワームに素早く飛びついて捕らえて、前足を上手に使いながら、翅だけを残してほとんど全部食べます。一日に一～二頭ぐらいあたえるといいでしょう。ミルワームは飼育ケースにそのまま適当に入れると、葉などの陰に隠れてしまい、ウマオイが見つけることができない場合もあるので、ミルワームがよじ登れないくらいの少し高めの容器に入れて置きます。

また、水分補給が必要なので、コケ水（⇩45ページ）をセットしてください。

【ウマオイの鳴かせ方】

ウマオイは意外と警戒心が強いので、飼い方をまちがえると鳴きません。

採集してきてから二～三日くらいは、まず鳴かないと思います。

虫を落ち着かせるため、飼育ケースの中にクズの葉をたくさん入れ、隠れ場所を作ってあげます。

飼育ケースの置き場所も関係します。直射日光の当たらない、静かで風通しのよいところに置いてください。そして、できるだけそっとしておきましょう。

昼間はクズの葉の隙間《すきま》などでじっと休んでいて、あまり目にする機会がないため、ついつい中をのぞいてしまいがちです。のぞくだけならいいのですが、まちがってもクズの葉を取ったりしないでください。

そんなことをするとウマオイは驚《おどろ》いてしまいます。静かに見守ることが大切です。鳴くようになるまで、クズの葉の交換もひかえます。

気になるようなら、ミルワームをウマオイの目につきやすいところに置いてみましょう。たとえ昼間でも一目散に飛びついてきます。その時に元気な姿を見ることができるでしょう。

このように管理していると、やがて鳴くようになってきます。

飼い始めてから早くて三〜四日目くらい、遅《おそ》くても七日後くらいには鳴きだすと思います。一度鳴き始めると毎日鳴くようになり、日没《にちぼつ》直後から三〜四時間くらい鳴き続けますが、深夜には鳴かない傾向があります。

ヤブキリ

日本全土に広く分布しています。キリギリスとだいたい同じくらいの大きさですが、若干ヤブキリの方が大きいと思います。

地域や生息環境などにより多くのタイプに分けられ、仮称《かしょう》がつけられています。

体長は三〇～四〇ミリ、六月中旬～九月上旬に発生します。

一般的にシリシリシリ……と鳴いたり、ジージージーと鳴いたりするタイプが多いようです。

雑木林などに多く生息し、樹上性で、その名のとおり草木の密生した藪《やぶ》や、樹上に棲《す》んでいるため捕りにくい虫です。中には草原に棲んでいる種類もいますが、マント群落（⇩81ページ）のツル植物が密生していたりする、非常にやっかいなところにいるので見つけにくいと思います。

一般的に全身あざやかな緑色ですが、まれに褐色《かっしょく》型も見られます。肉食性でほかの昆虫を捕らえて食べます。

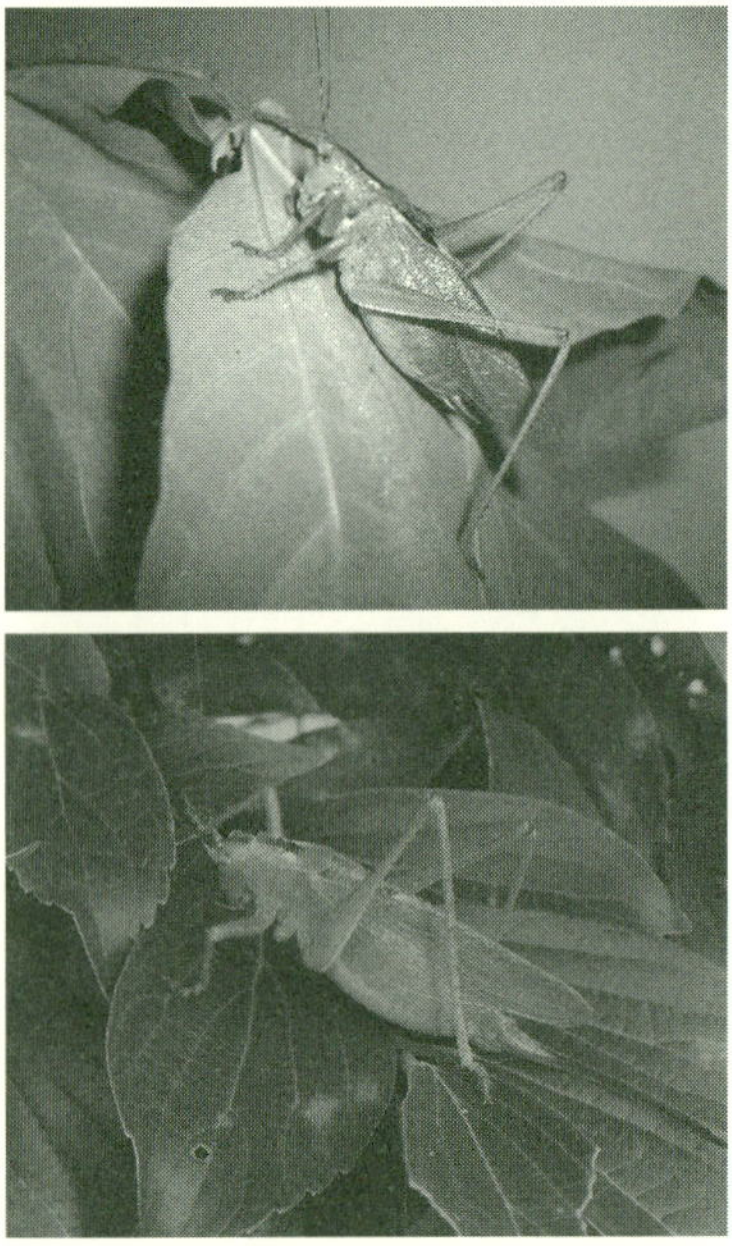

上：オス　下：メス

【昼間の採集方法】

スウィーピング採集法

クヌギ、コナラ、ミズナラ、シイ、ニレ、エノキなどの、ヤブキリのいそうな高い枝先にめぼしをつけてスウィーピングします。私は五メートルの柄《え》の網を使用しますが、たとえ高いところで見えなくても、ヤブキリは大きいので網に入ったらすぐにわかります。

これはオスもメスも捕れる、昼間のヤブキリの有効な採集方法ですが、一度数頭捕ったら、しばらくの間は同じ木では捕れにくくなる傾向にあります。その場合はターゲットを別の木に変更しましょう。

見下ろし採集法

アオマツムシでも述べましたが、高い木の上の方にいる昆虫を捕る方法です。昼夜を問わず採集可能です。

私は昼間、このような条件のポイントで、ヤブキリを採集したことがあります。道の下側から生えている木の樹冠部《じゅかん》の枝先を、のそのそとゆっくり歩いているヤブキリを発見したのです。ヤブキリの行く手に網を差し出すと、自分の方から歩いてきて網の縁《ふち》にとまったので、そのまま引き上げて捕らえました。

このように上から樹冠部を見下ろして、根気よく探します。そして、ヤブキリを発見したら、棒などを使って網に追いこむようにして捕らえるか、スウィーピングして捕らえます。
基本的には夜間活動しますが、昼間も時々鳴くので、声のするあたりをたんねんに探すとよいでしょう。

【夜間の採集方法】

樹液採集法

夜の雑木林には、いろいろな種類の昆虫が樹液を求めてやってきます。ヤブキリもコナラ属のクヌギ、コナラ、ミズナラなどの樹液に集まります。樹液をなめに来ているのですが、樹液に集まったほかの昆虫を捕食《ほしょく》することもあります。直翅目《ちょくしもく》のコロギス、ハネナシコロギスも同様で、ウマオイが来ていることもあります。

昼間、これらの樹液が出ている木を数カ所覚えておき、夜間採集に行きます。

ヘッドライトで樹液の出ている木を見てまわります。そして、ヤブキリを見つけたら網に追いこむようにして捕らえます。ヤブキリは樹液をなめている時は、若干警戒心《けいかいしん》が弱くなっているので、あわてなくてもだいじょうぶです。ただし、アゴが非常に強力なので、嚙《か》まれないように注意してください。

また、夜の雑木林は危険に満ちています。マムシやヤマカガシなどの毒蛇《どくへび》には注意が必要ですし、樹液にはスズメバチやムカデなども集まります。スズメバチがいたら、そこでの採集はやめてほかの木に移動しましょう。

夜間鳴いているヤブキリを見つける方法

ヤブキリはマント群落で鳴いていることも多いのですが、その付近での採集は困難だと思います。ツル植物が密生していて、イバラをはじめトゲのある植物がたくさん生えていると、もうそれだけで藪に入るのが嫌《いや》になります。かと言って木の高いところで鳴いているのを採集するのも難しいと思います。比較的採集しやすいのは疎林《そりん》で捕ることです。ポツンポツンと単独で生えているような、樹高が比較的低い木がねらい目です。

このような条件の場所では、わりあい低い枝先で鳴いていることがあります。耳を澄《す》まして鳴き声をたよりに近づいてください。時間がかなりかかると思いますが、その付近を探せば、鳴いているヤブキリを発見できると思います。

光を当ててもわりあい平気で鳴いていますが、やがて歩いて移動するので、枝やツル植物がごちゃごちゃしているところに行かないうちに、少しでも捕りやすい条件のうちに、あらかじめ用意しておいた棒などで、網に追いこむようにします。

棒が届かないような高いところの場合は、スウィーピングで捕りましょう。

【幼虫の採集方法】

ヤブキリの成虫を捕るのは難しいのですが、幼虫は簡単なので、その方法を紹介《しょうかい》しましょう。

四月上旬ごろからヤブキリの幼虫が見られるようになります。このころに採集してもかまいませんが、少し大きく育った幼虫の方が安定するのと、世話がしやすいため、五月上旬～中旬ごろに採集した方がよいでしょう。

ヤブキリは林と密接な関係があり、林縁《りんえん》部付近の草原で幼虫時代を過ごし、その後、成長するにつれて徐々に樹木に移動して行きます。このため、林から離れた草原ではなく林縁部付近の草原をねらいます。ススキやチガヤ、笹などのイネ科植物にはあまりいないので、それ以外の草むらをねらいましょう。ヨモギが生えているところに多く、ハルジオンやマメ科植物なども見てまわるとよいでしょう。

まず草原にゆっくりと入って行きます。すると、草むらが動いたり、音がしたことに異変を感じたヤブキリの幼虫が、草むらの中から草の先端《せんたん》の方に飛び出してくるので、これをカップや瓶《びん》などではさみこむ要領で捕らえます。

幼虫は最初のうちはじっと様子を見ていますが、その後、急に飛び跳《は》ねる場合があるので、幼虫が次の行動に出る前に捕らえます。まちがっても、カ

ヤブキリの幼虫。15ミリ。成虫よりも捕りやすい

ップの本体と蓋《ふた》で幼虫の体や脚などをはさまないように注意しましょう。

また、網に追いこむようにして捕らえる方法でもかまいません。二〜三頭ほど現れた時は、これらを全部網に追いこんで捕らえることも可能です。

一頭の場合はカップや瓶などで、複数頭の場合は網に追いこんで捕らえるという具合に、状況に応じて使い分けると効果的です。

【飼い方】

幼虫の飼育環境

成虫になった時のことを考えて、最初から大きめの飼育ケースで飼うようにします。土などは特に必要ありません。ケースの底に新聞紙を入れ、その上にクズの葉などを敷《し》きます。このようにすると、ヤブキリの足の負担がやわらぎます。落ち葉や枯《か》れ草などを敷いてもかまいません。

そして、カップや瓶などに水を入れて、ヨモギなどの草をさしておくと、幼虫はそこで過ごすようになり、落ち着きます。イネ科植物はあまり好みではないようなので、ススキや笹などよりもヨモギやマメ科植物などを入れてあげましょう。

幼虫の餌

ヤブキリの幼虫は四齢くらいまでは、アリマキ（アブラムシ）をあたえればよいのですが、入手できない場合はスズムシ用の餌（粉末）、野鳥用のすり餌（六分がよいが、入手できない場合は四〜五分でもよい）（⇩48ページ）で代用します。これらをそのままペットボトルの蓋や小皿などに入れてあたえます。

幼虫が徐々に大きくなってきたらミルワーム（⇩49ページ）をあたえてください。最初はミルワームを半分くらいに切ってあたえ、終齢《しゅうれい》幼虫になったらそのままあたえます。

水分補給のために、コケ水（⇩45ページ）を入れます。キュウリ、ナスなどの野菜やリンゴなどをあたえてもよいでしょう。

成虫の飼育環境

幼虫の飼い方と基本的には同じです。ヤブキリは大型種のため、大きめの飼育ケースを用意します。樹上性なので土は必要ありません。ケースの底に新聞紙などを敷き、クズの葉などをその上に置きます。葉を敷かないと、ヤブキリの足に負担がかかるのでよくありません。

次に、水を入れたカップや瓶にさしたクヌギやエノキなどの枝先をケースに入れると、そこで過ごすようになります。夜によく鳴きますが、昼も時々鳴きます。部屋でヤブキリの鳴き声を聞いていると、まるで夏の雑木林の中にいるような気分になります。

成虫の餌

ヤブキリは肉食ですが、市販のミルワームやスズムシの餌（大型種で噛みくだくアゴが強力なため、顆《か》粒《りゅう》でも粉末でもよい）、すり餌（六分）で簡単に飼うことができます。ミルワームが羽化して成虫になっても食べるので、むだがありません。

水をよく飲むので、コケ水などで水分補給を欠かさず行ってください。

また、ナスやキュウリの野菜類と、リンゴをあたえてもよいですし、カブトムシやクワガタムシの餌の昆虫ゼリーも少し食べます。

成虫飼育の注意点

ヤブキリは肉食なので、同じケースで複数頭飼育すると共食いします。累代飼育が目的の場合以外は単独飼育をしてください。

まれにハリガネムシが寄生している場合があります。突然お尻から、その名のとおりハリガネのような細い体をくねくねとくねらせながら出てきて驚《おど》くことがあります。ヤブキリの外見から、ハリガネムシの寄生を見分ける方法はないのでやっかいです。ただし、ハリガネムシがヤブキリの体内から出てくる前《ぜん》兆《ちょう》はあります。何か変な動きをしたり、行動に変化が見られるからです。しかし、時すでに遅《おそ》し、残念ながらハリガネムシが出てきたヤブキリは死んでしまいます。

カヤキリ

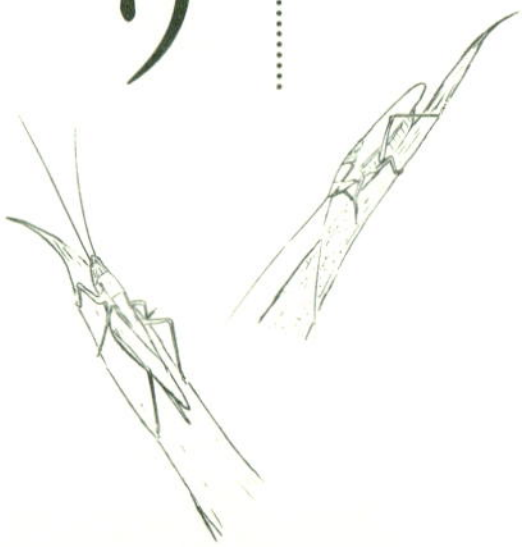

本州、四国、九州、対馬《つしま》、五島《ごとう》列島などに分布しています。

日本産のキリギリスの仲間では最大級で、体長四五～五二ミリ内外、頭の先から翅《はね》の端《はし》までは約八〇ミリにも達します。オスよりメスの方がひと回り大きく、この差は歴然です。全身あざやかな緑色です。

ススキやアシなどのイネ科植物の草原に棲《す》んでいますが、環境の変化に弱い面があり、ススキ原がセイタカアワダチソウやクズ原にとってかわられると姿を消していきます。

七月中旬ごろからジャーと大きな声で鳴きますが、体の大きさのわりに比較的寿命は短めで、八月中旬ごろのピークを過ぎると、急に鳴き声がまばらになり、ポツンポツンと点在して鳴いているという感じになります。そして、九月上旬ごろを最後に鳴き声が聞かれなくなります。

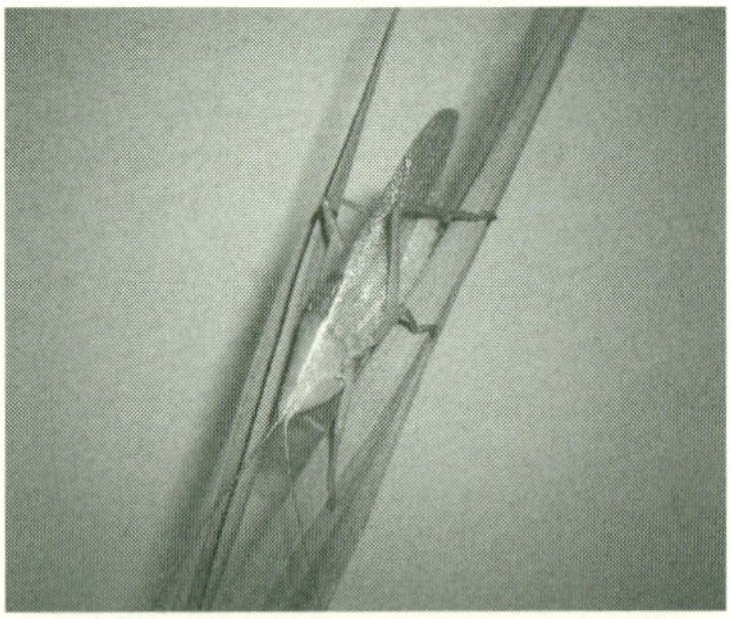

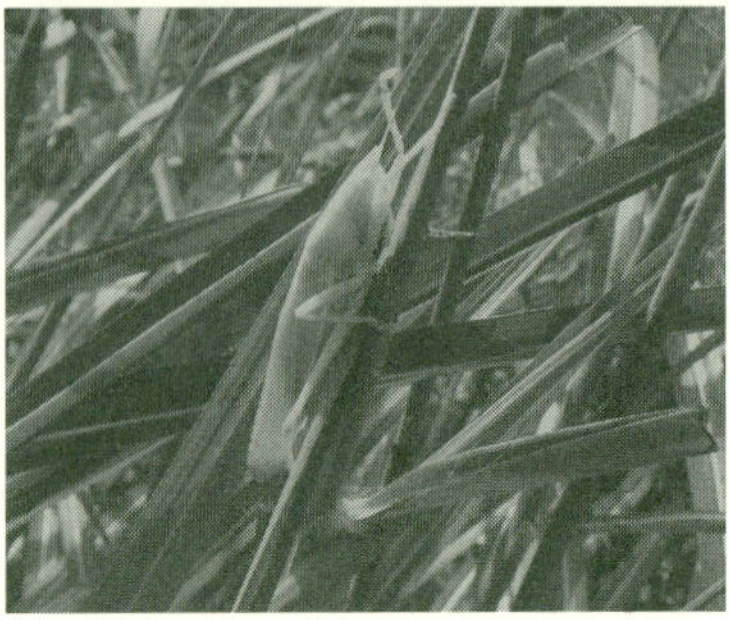

上：オス　下：メス

【採集方法】

まず、カヤ原（ススキ原）やアシ原のカヤキリの生息地を発見することから始めます。昼間よりも夜の方がわかりやすいため、めぼしをつけた付近を車などで走ります。

本種はかなりの大音量で鳴くため、少し離れた場所でもわかりやすく、居場所を見つけるのはそんなに難しくないと思います。

ポイントを発見したら、鳴き声の方に近づきます。

昼間、カヤキリは草の下の方でじっとしていますが、夜になると上の方に出てきて、ススキなどの先端《せんたん》部分付近にいることが多いようです。ですから、鳴いている付近の草の、真ん中より先の方を探すのがコツです。時期が早い時は、終齢《しゅうれい》幼虫も一緒に捕れます。

カヤキリを見つけたら網に追いこむようにして捕らえます。本種は体が大きくて、ほかのキリギリスの仲間とくらべると動きが緩慢《かんまん》なので、見つけたら逃《に》げられる確率は低いと思います。

メスはオスが鳴いている付近を探せば見つけることができます。状況によってちがいますが、一般的にオスの鳴いている下あたりにいることが多いようです。最初は難しいかもしれませんが、一度見つけると感覚をつかむことができるでしょう。

クズの葉の上で鳴いているカヤキリ

#【飼い方】

飼育環境

カヤキリの大きな体に合わせて、大型の飼育ケースで飼いましょう。飼育ケースの底に新聞紙などを敷《し》き、カヤキリが歩きやすいように、ススキの茎《くき》を新聞紙の上に寝かせて置くとよいでしょう。

そして、カップや瓶《びん》などに水を入れて、その中にススキまたはアシの穂先《ほさき》を入れてください。この中にカヤキリを入れます。昼間は、脚と触角を伏せるように伸ばして、じっとしてほとんど動きませんが、夜になると動きだして大きな声で鳴くようになります。かなりの大音量なので、寝室で飼うのはおすすめしません。カヤキリはほかのキリギリスの仲間とくらべると寿命が短く、大きな体のわりに弱い傾向があるので、あまり長く飼うことはできません。

餌

キュウリをあたえてください。体が大きいこともあり、よく食べるので切らさないようにします。夏場のキュウリは傷みやすいので注意して、傷んできたらすぐに新しいものに交換してあげてください。野鳥飼育用のすり餌（四〜五分）（⇩48ページ）もあたえてください。また、飼育セットのススキやアシの穂も少し食べるので毎日交換しましょう。枯《か》れたものは食べませんが、足場になるので少し残しておきます。

コロギス

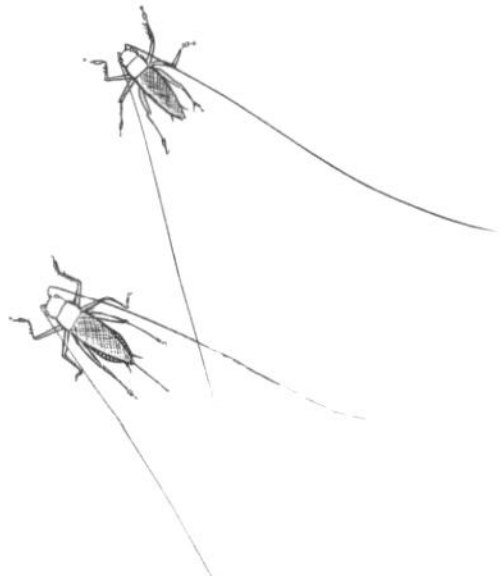

鳴く虫ではありませんが、飼っていて面白いので取り上げました。

本州、四国、九州に分布し、低山帯の落葉広葉樹林や、平地の河川敷《かせんじき》の林などに生息していますが、キリギリスほど普遍《ふへん》的ではありません。

昼間は巣の中に隠《かく》れて過ごし、夜になると樹上を徘徊《はいかい》してほかの昆虫を捕らえて食べる肉食です。

体長三〇〜三六ミリ内外で、オスよりもメスの方がひと回り大きいです。

全身あざやかな緑色で、個体によってはやや褐色《かっしょく》を帯びてくすんだ感じのものもいます。また触角が非常に長く、体長の三倍以上もあります。六〜八月ごろ発生します。

翅《はね》は褐色でコオロギのように横に平たく、体はキリギリスのような感じで、翅の付き方と習性がコオロギのようなところがあります。コオロギとキリギリスの中間ということが、コロギスの名の由来です。

コロギスはキリギリスの仲間では変わり種《だね》で、巣を作り、威嚇《いかく》をするという面白い習性があります。

夜行性で、昼間は巣の中で休んでいます。

コロギスの巣は、広葉樹の葉や草の葉をアゴで切断し、口からクモの糸のようなものを出して上手に貼《は》

上：オス　下：メス

り合わせて作ります。

そして、危険を感じると、翅を全部大きく開いて体を前後にゆさぶり、アゴを大きく開いて威嚇します。この行動は迫力があり、虫の苦手な人は恐怖を覚えるくらいです。

また、コロギスは鳴かないかわりに、脚を使ってタッピングする習性があります。

タッピングというのは脚で蹴《け》って音を出すことで、飼育ケースをたたくようにして蹴り、タラッタラッ、パラッパラッというような音がします。これでメスに求愛したりします。

大きく翅を開いて威嚇しているコロギス

【成虫の採集方法】

夜間の採集方法

コロギスは夜行性で、樹上を徘徊してほかの昆虫を捕らえて食べます。また、クヌギやコナラなどの樹液も好むので、ブナ科植物のコナラ属に依存する傾向があります。河川敷などに生息していることも多いため、河川敷の雑木林などにターゲットをしぼって、ポイントを発見するとよいと思います。

河川敷でなくても、雑木林があれば探してみてください。コロギスは山地だけでなく、平地にも生息しています。ただし、平地の場合は、ある程度自然度の高い環境でないと生息していません。また山地でも、地面がむき出しになったような整備された公園の林などにはほとんどいないと思います。

コロギスは数があまり多くないので、ほかのキリギリスの仲間とくらべると、採集は難しい部類に入ります。

見つけ方ですが、日没《にちぼつ》直後から深夜にかけて、ヘッドライトを照らして、クヌギやコナラの樹液を見てまわります。うまくいけば、樹液をなめているコロギスを発見できるかもしれません。カブトムシやクワガタムシを捕りに行ったことがある人なら知っていると思いますが、夜の樹液にはいろいろな種類の昆虫が集まっています。ムカデやスズメバチなど危険な生き物も来ていますし、マムシなどにも注意しなければいけません。

コロギスは食べている時は少し警戒心《けいかいしん》が弱くなっているので、網をかぶせるか、網に追いこむようにして捕らえます。ただし、一度逃《に》げると非常に逃げ足が早いので、捕らえるのは難しいでしょう。

樹液をなめている時が一番コロギスを捕りやすい時なので、あわてず落ち着いて捕ってください。

また、樹液の周辺の樹上を徘徊している場合があるので、注意して見ましょう。

樹液に来る以外は、樹冠《じゅかん》部など比較的、高所を徘徊していることが多いので、長めの柄《え》の網でないと届かないことがあります。発見したら、素早く網で追って、網をかぶせるようにして捕ります。しかし、コロギスは動きがとても速いので、初心者には難しいかもしれません。

昼間の採集方法

コロギスは昼間、巣の中に隠れてじっと休んでいるので、スウィーピングで採集します。夜のうちにコロギスの生息を確認する方が効果的なのは言うまでもありませんが、確認していない場所でもやってみてください。うまくいけばこれで採集できて、コロギスのポイント発見につながるかもしれません。

クヌギやコナラの木の葉の茂《しげ》みの付近をスウィーピングします。この時、上の方から驚《おどろ》いたコロギスが、地上に落ちてくることがあるので、注意して見ていてください。その場合、コロギスは、落ちて着地したところで動かずにじっとしているので、あわてずに落ち着いて網に追いこみます。

私は、三回だけエノキで捕ったことがあります。三回ともまったく別の、かなり離れた場所で採集していることから、エノキを探してみるのも面白いかもしれません。

【幼虫の採集方法】

昼間、越冬幼虫を採集する方法を説明します。この方法は、コロギスの生息を確認していることが前提です。

コロギスは、夏に孵化《ふか》した幼虫が晩秋のころに巣を作って、その中で越冬します。三齢《さんれい》～終齢幼虫で越冬して、翌年四月上旬～中旬ごろから活動を再開します。このため、採集時期は一一月ごろから三月末ごろにかけてになりますが、どちらかと言えば三月ごろの方がよいでしょう。

クヌギ、コナラ、エノキの根もと周辺をたんねんに探します。枯《か》れ葉を折りたたむようにして巣を作っています。葉を二枚重ねた巣の場合もあるので注意してください。それらしきものを発見したら、指先で少しはがしてみます。中にコロギスの幼虫がいたら、その場では取り出さないで、巣に入ったままの状態で容器などに入れて持ち帰り、家で取り出しましょう。取り出すのにピンセットを使う場合は、誤って触角を引っ張らないようにしてください。もちろん、巣をそのまま飼育ケースに入れてもかまいません。

探すポイントは木の根もと周辺です。

根もとから離れたところには少ないと思います。

これは、気温が下がってきた晩秋のころ、樹上にいたコロギスが木から地上に降りてすぐに巣を作り、翌年春に活動を再開したらすぐに樹上に上がれるようにしているためだと思われます。四月ごろはいろんな生き物が越冬または冬眠から覚め、活動を始める時期で、幼虫にとっては危険がいっぱいです。樹上よりも地上の方が危険度が高いため、春先に活動を再開したら、すぐに樹上に上がる必要があります。

また、樹上にコロギスの巣がある場合もあるので探してみてください。

地上の巣より樹上の方が簡単に発見できます。ほとんどの枯れ葉は地上に落ちているので、対象をある程度しぼりこむことができるからです。採集時

コロギスの幼虫。10ミリ

期は三月ごろがよいと言ったのは、一つはこの理由からです。

【飼い方】

成虫の飼育環境

コロギスは樹上性のため、飼育ケースの底には新聞紙を敷《し》くだけでかまいません。

そして、クヌギ、コナラ、クズの葉などを数枚程度入れます。コロギスは気に入った葉で巣を作って、昼間はその中に入って休んでいます。葉を入手するのが困難な場合は、適当な大きさにちぎった新聞紙でも代用できます。新聞紙でも上手に巣を作ります。

餌

ミルワーム（⇩49ページ）をあたえますが、あまりたくさんあたえないようにしてください。一日に二〜三頭くらいでよいでしょう。少し深めの容器に入れて置きます。ミルワームは大変優れた餌ですが、脂肪分が多いという欠点があります。よく食べるからと言ってあたえすぎると、腹がパンパンにふくれ上がり、よい状態を保てません。

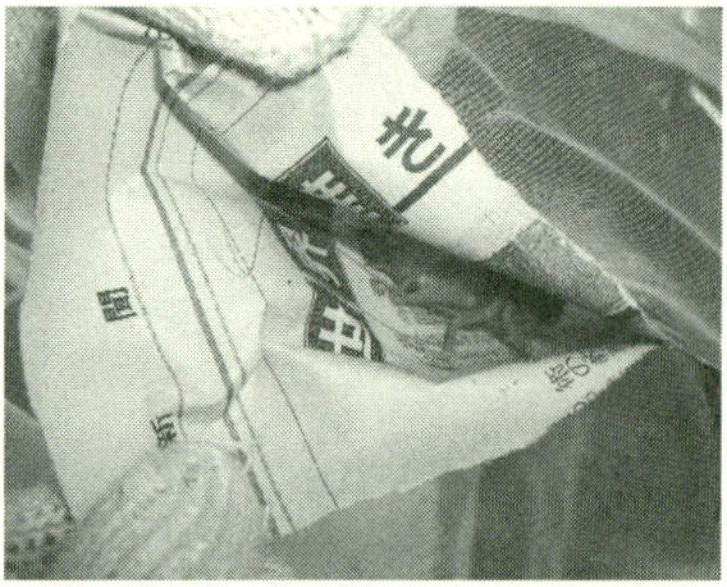

新聞紙で作ったコロギスの巣。中にコロギスが入っているのが見える

コケ水（⇩45ページ）も忘れずに入れてください。

コロギスが昼間なのに巣の外に出ている時は注意が必要です。昼間は巣の中で休む習性があるのに、外に出ているということは、巣に何か異変が起きているということです。餌として入れたミルワームが巣の中に入っていて、それを嫌《きら》って外に出ているなどということもあります。たとえ餌であろうとも、静かに休む巣内でミルワームにごそごそ動きまわられるのは嫌《いや》なのでしょう。

幼虫の飼育環境

コロギスは八月ごろに孵化します。

孵化したばかりの初齢（一齢）幼虫は、意外にも真っ黒な色をしていて、一見、まったくちがう種類のようですが、コロギスの特徴《とくちょう》の一つでもある長い触角は、このころから立派にちゃんとあります。二齢幼虫から、あのあざやかな緑色になります。

コロギスの幼虫の飼育は成長段階にもよりますが、成虫よりも難しいのです。終齢幼虫は、ほぼ成虫と同じ扱いで飼育できると思います。問題は、それより若齢《じゃくれい》の幼虫の場合です。一～二齢幼虫のころはまだ小さいので、餌となる虫もきわめて小さく、ミルワームでは少し大きすぎます。アリマキ（アブラムシ）などが手に入ればよいのですが、入手が難しい場合は餌付けが必要になってきます。

飼育環境のセットは成虫に準じてください。

幼虫の餌付けの方法

① ミルワームを切ってあたえる

ミルワームを不要になったナイフなどで三等分くらいに切ります。それをピンセットなどでつまんで、コロギスの口もとに持っていき、食べさせます。ミルワームの切り口から体液が出てくるので食べやすくなっています。

三～四齢の幼虫の場合は、わざわざ口もとに持っていかなくても、小皿の上などに切ったミルワームをのせておくと、食べに来ます。

一度餌付けると、その後は自主的に食べるようになりますが、一齢の幼虫の場合は注意が必要です。安定して食べるようになるまで、餌付けを続けてください。

② ミルワームを蓋《ふた》の穴に差しこむ

私が考えて実践した二つ目の餌付け方法を紹介《しょうかい》しましょう。

丸カップの蓋に千枚通しなどで穴をあけ、その穴にミルワームを差しこむように入れます。そうするとミルワームはそこから脱出しようと、もぞもぞと動きます。コロギスは本能的に動くものに対して反応するため、これを食べるというわけです。一度食べれば、餌付いて小皿の上に置いたものを食べるようになります。

三～四齢の幼虫むけです。自分でも食べに来るのですが、この方法を行うとより早く小皿の上に置いたものを食べるようになります。

ただし、一～二齢の幼虫の場合は、この方法ではまったく食べません。①の方法による餌付けが必要です。

おわりに

鳴く虫は自然界では、二月から鳴きだすキンヒバリから始まり、多くの種《しゅ》が一一月ごろまで鳴いていま す。飼育下ではさらに長くなり、ほぼ一年近くも鳴いて私たちを楽しませてくれます。この間、移りゆく季節ごとに風情を感じたり、四季を実感させてくれたりします。

私も年間を通して鳴く虫を飼育して楽しんでいますが、お正月にヤマトヒバリが翅《はね》を立てて一生懸命に健気《けなげ》に鳴く、その姿には心打たれます。その翌月ごろからキンヒバリが鳴き始めます。二月と言えばまだ冬枯《ふゆが》れですが、そんな時季から成虫で越冬したキンヒバリの個体が鳴き始めるのです。早春、たった一頭で鳴くキンヒバリの美しい声には感服させられます。数カ月ぶりに聞くものですからなおさら感動するのでしょう。

自然界でも人知れず草むらの陰で鳴いていますが、大半の人々はこれに気づかずにいるのだと思います。しかし、いろいろな種類の鳴く虫を飼っているうちに、道を歩いていてもこのような可憐《かれん》な鳴き声が聞こえるようになってくるから不思議です。

鳴く虫を飼育して、世の喧騒《けんそう》から離れて、その美しい声にひたる至福のひと時を過ごすのはとても素晴らしく、心が豊かになります。

日常の生活を豊かにする鳴く虫の飼育を、多くの人にぜひ体験していただきたいと思います。その参考になるように、本書を著《あらわ》しました。
飼育ケースを家の何カ所かに置けば、至るところから虫の声が響《ひび》きわたることでしょう。皆さんの心にしみいる、この美しい声を是非、お部屋に響かせて楽しんでください。

後藤　啓

二〇一六年六月二〇日

著者紹介

後藤　啓（ごとう・けい）

自宅で鳴く虫の世話をする著者

1959年、大阪府生まれ。

食品販売の仕事のかたわら、長年の趣味の昆虫採集、バードウォッチングを楽しんでいる。

昆虫採集は6歳から始め、小学校低学年からキリギリス、高学年からエンマコオロギやマツムシ、中学生からクサヒバリやカンタンを飼育しており、鳴く虫の採集・飼育には豊富な経験をもつ。

最近は年間150回ほど採集に出かけ、行くたびに採集ノートをつけている。採集はおもに自宅から日帰りできる大阪府北東部と京都府南部地域で行っている。年間14種類（コロギスを入れると15種類）の鳴く虫を飼育し、自宅で虫の音を楽しんでいる。

好きな鳴く虫ベスト3は、マツムシ、キンヒバリ、ヤマトヒバリ。

本書は、鳴く虫の美しい音色を多くの人に楽しんでほしいと、長年の経験から得た採集・飼育の方法をまとめた。

鳴く虫好きが高じて、自分で採集した虫をインターネットを通じて販売する会社「鳴く虫研究社」を立ち上げる。

また、10歳からバードウォッチングを始め、じつは昆虫よりも野鳥の方がくわしいほどだ。先日行った植物園では、ヒナの声をたよりに、アカマツの地上10メートルのところにあるオオタカの巣を発見。カラスとハトの中間くらいの大きさのヒナを1羽確認した。

ほかには、アコースティックギター演奏も好きで、弟とリードギターとサイドギターにわかれて演奏を楽しんでいる。

鳴く虫研究社　http://nakumushi.jp/netshop/

■参考にした書籍
『昆虫の飼いかた（なかよし入門百科）』太田邦雄著、有紀書房、1972年
『昆虫の飼い方2（文研リビングガイド）』森内茂・永井正身著、文研出版、1975年
『鳴く虫セレクション――音に聴く虫の世界』大阪市立自然史博物館・大阪自然史センター編著、東海大学出版会、2008年

鳴く虫の捕り方・飼い方

2016年8月31日　初版発行

著者　後藤　啓
発行者　土井二郎
発行所　築地書館株式会社
〒104-0045 東京都中央区築地 7-4-4-201
TEL.03-3542-3731　FAX.03-3541-5799
http://www.tsukiji-shokan.co.jp/
振替 00110-5-19057
印刷製本　シナノ出版印刷株式会社
装丁
本文デザイン　秋山香代子

 ISBN978-4-8067-1523-8